# STEP 7 软件应用技术基础

吴作明　杜明星　编著

北京航空航天大学出版社

## 内容简介

本书以西门子 PLC 的编程软件 STEP 7 使用为主线,通过大量的示例,系统讲解了编程软件 STEP 7 的使用方法,同时还介绍了与 STEP 7 相关的软硬件,为实际应用设计奠定了基础。

本书可作为大专院校电气控制、机电一体化等相关专业的教材,也可供工程技术人员自学或培训教材。

**图书在版编目(CIP)数据**

STEP 7 软件应用技术基础/吴作明,杜明星编著. —北京:
北京航空航天大学出版社,2009.1
ISBN 978 - 7 - 81124 - 586 - 8

Ⅰ. S… Ⅱ. ①吴…②杜… Ⅲ. 软件开发—程序设计
Ⅳ. TP311.52

中国版本图书馆 CIP 数据核字(2008)第 203280 号

**STEP 7 软件应用技术基础**

吴作明 杜明星 编著

责任编辑 胡 敏

\*

北京航空航天大学出版社出版发行

北京市海淀区学院路 37 号(100191) 发行部电话:010 - 82317024 传真:010 - 82328026
http://www.buaapress.com.cn E-mail:bhpress@263.net
涿州市新华印刷有限公司印装 各地书店经销

\*

开本:787×1 092 1/16 印张:12.25 字数:314 千字
2009 年 2 月第 1 版 2009 年 2 月第 1 次印刷 印数:5 000 册
ISBN 978 - 7 - 81124 - 586 - 8 定价:25.00 元

# 前　言

SIMATIC S7 - 300/400 系列可编程控制器是西门子全集成自动化系统中的控制核心,是其集成与开放特性的重要体现。该系列 PLC 继承了西厂子上一代 PLC SIMATIC S5 系列稳定、可靠和故障率低的精髓,将先进控制思想、现代通信技术和 IT 技术的最新发展集于一身,在 CPU 运算速度、程序执行效率、故障自诊断、联网通信、面向工艺和运动控制的功能集成以及实现故障安全的容错与冗余技术等方面取得了业界公认的成就。不断创新的 PLC 编程组态工具 STEP 7 采用 SIMATIC 软件的集成统一架构,为实现 PLC 编程组态的易用性和友好性以及与上位机组态系统的集成统一性提供了一个功能强大、风格一贯的软件平台。符合 IEC - 61131 - 3 的多种高级编程语言的补充,使 PLC 在实现复杂工艺编程、多重回路调节、甚至模糊控制(fuzzy control)和神经元控制(neuron control)等智能控制算法时具有类似高级编程语言的特点和优势。此外,SIMATIC S7 - 300/400 PLC 集成的强大通信功能,是其得以成功的另一个重要方面。如今 PROFIBUS 有超过 1 200 余家会员单位,全球的总安装节点已经突破 1000 万,是全球公认的工业现场总线标准的领跑者;新一代工业以太网标准 PROFInet 的提出,为以太网在工业领域更大范围的应用提供了技术保障。凭借集成统一的通信,SIMATIC S7 - 300/400 PLC 在实现车间级、工厂级、企业级乃至全球企业链的生产控制与协同管理中起到中坚作用。

SIMATIC S7 - 300/400 系列可编程控制器的控制程序设计借助于 STEP 7 进行,对于初次接触 STEP 7 的读者,普遍认为入门比较困难。为此编写了本书,以使读者能够快速地掌握 STEP 7 软件的使用,并为读者进入西门子 PLC 技术大门起到带路的作用。

本书分为两篇:第一篇主要讲解 STEP 7 软件的安装、使用和程序设计示例;第二篇主要介绍 S7 - 300 的硬件结构、指令系统和通信。本书第一篇由杜明星编写,第二篇由吴作明编写。在编写过程中得到了西门子公司技术人员的热情帮助,在此谨向他们表示深切的谢意。

由于作者水平有限,对于书中存在的错漏之处,恳请读者批评指正。

编　者
2008 年 12 月

# 目　录

## 第一篇　STEP 7 功能及操作

# 第二篇　STEP 7 相关的软硬件介绍

2

3

4

# 第一篇　STEP 7 功能及操作

# 第1章 STEP 7 软件介绍

## 1.1 STEP 7 概述

STEP 7 编程软件用于 SIMATIC S7、M7、C7 和基于 PC 的 WinAC,是供它们编程、监控和参数设置的标准软件包,是 SIMATIC 工业软件的一部分。随着 SIMATIC 新型号产品的不断出现,STEP 7 编程软件的版本也不断更新。针对这一情况,本书对 STEP 7 软件操作的描述,都是基于 STEP 7 V5.3 版的。

STEP 7 标准软件包有两大部分构成:第一部分为 STEP 7 Micro/DOS 和 STEP 7 Micro/Win,用于 SIAMTIC S7-200 的简化单机应用程序;第二部分为 STEP 7,用于 SIMATIC S7-300/400、SIMATIC M7-300/400 以及 SIMATIC C7 上。其中,STEP 7 是本文主要阐述的内容。

STEP 7 主要完成以下任务:工程管理、硬件配置与参数设置、网络配置、编程、测试、启动、维护、文件建档、运行和诊断等。STEP 7 的所有功能均有大量的在线帮助,用户可以通过阅读在线帮助实现书中未阐述内容的学习与掌握。

STEP 7 标准软件包中还有一系列应用程序,具体构成如图 1-1 所示。

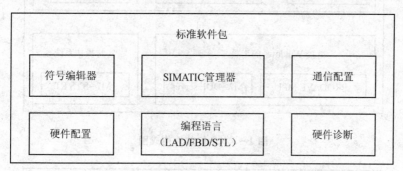

**图 1-1 STEP 7 标准软件包的构成图**

当标准软件包提供的功能不能完成工程中遇到的实际问题时,可以由软件选项包扩展标准软件包,软件选项包主要由工程工具(为高级编程语言以及技术含量较高的软件)、运行软件(包含现货供应软件,用于生产过程)和人机界面(即 HMI,专门用于操作员监控)三部分构成。这三部分的构成图分别示于图 1-2、图 1-3 和图 1-4 中。

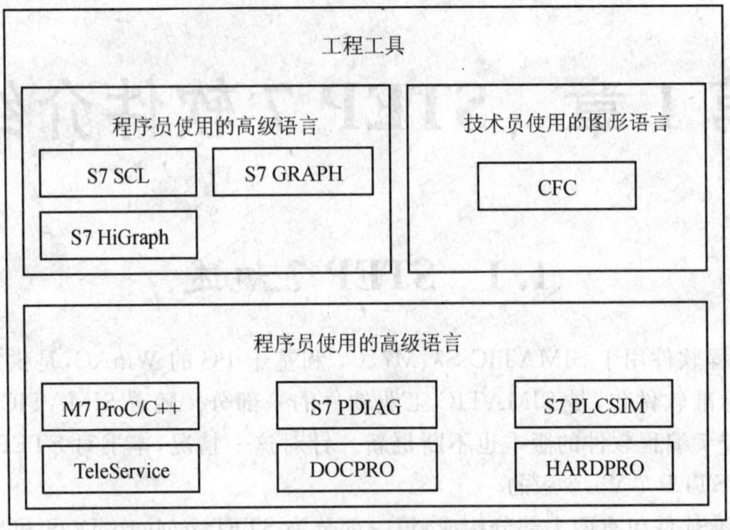

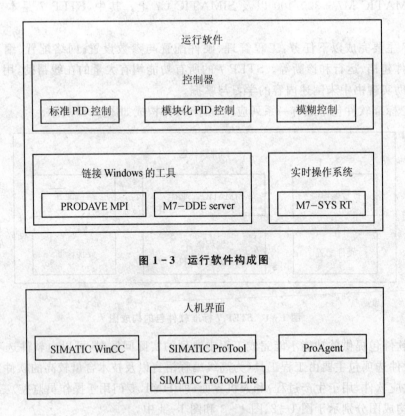

图 1-2　工程工具构成图

图 1-3　运行软件构成图

图 1-4　人机界面构成图

## 1.2　STEP 7 的硬件接口

常用的 PC 与 PLC 的硬件接口方式主要有以下三种。

第一种方式：采用 PC/MPI 适配器用于连接安装了 STEP 7 的计算机、RS232C 接口和 PLC 的 MPI 接口，在设置适配器通信速率时，应将计算机一侧的通信速率设为 19.2 kbit/s 或 38.4 kbit/s，PLC 一侧的通信速率为 19.2 kbit/s～1.5 Mbit/s。除了 PC 适配器外，还需要一根标准的 RS232C 通信电缆。

第二种方式：使用计算机的通信卡 CP5611(PCI 卡)、CP5511 或 CP5512(PCMCIA 卡)，可以将计算机连接到 MPIPROFIBUS 网络，通过网络实现计算机与 PLC 的通信。

第三种方式：使用计算机的工业以太网通信卡 CP1512(PCMCIA 卡)或 CP1612(PCI 卡)，通过工业以太网实现计算机与 PLC 的通信。

编程人员可以根据实际情况选择所需的硬件接口方式，同时还需要在 STEP 7 中设置接口方式。具体操作方式为：在 STEP 7 的管理器中执行菜单命令 Option|Setting the PG/PC Interface，打开 Setting PG/PC Interface 对话框。在其中的选项框中选择实际使用的硬件接口。单击 Select 按钮，打开 Install/Remove Interface 对话框，可以安装上述选择框中没有列出的硬件接口的驱动程序。单击 Properties 按钮，可以设置计算机与 PLC 通信的参数。

## 1.3　STEP 7 的授权

要使用 STEP 7 编程软件，需要一个产品专用的许可证密钥(用户权限)。从 STEP 7 V5.3 版本起，该密钥通过自动化许可证管理器安装。自动化许可证管理器是 Siemens AG 的软件产品，用于管理所有系统的许可证密钥。合法使用受许可证保护的 STEP 7 程序软件包时必须要有许可证。许可证为用户提供使用产品的合法权限。值得注意的是，STEP 7 编程软件可以使用不带许可证密钥的标准软件来熟悉用户接口和功能，但是必须使用许可证才能根据许可证协议完全无限制地使用该软件。如果一直使用未安装许可证密钥的 STEP 7 软件，系统将会定期提示用户安装许可证密钥。一旦订购了许可证密钥，许可证密钥就可以在许可证密钥软盘、本地硬盘或者网络硬盘上存储和传送，使用较为方便。

自动化许可证管理器通过 MSI 设置过程安装。STEP 7 产品 CD 包含自动化许可证管理器的安装软件。既可以在安装 STEP 7 的同时安装自动化许可证管理器，又可以在安装 STEP 7 后安装自动化许可证管理器。

## 1.4　STEP 7 的功能简介

### 1. 编程语言

STEP 7 的标准版只配置了 3 种基本的编程语言：梯形图(LAD)、功能块图(FBD)和语句表(STL)，还有鼠标拖放、复制和粘贴功能。梯形图表示法类似于继电器控制系统，它很容易被一般的电气设计人员接受。语句表是一种文本编程语言，能使用户节省输入时间和存储区域，并且语句表最接近于机器内部的控制程序。

STEP 7 标准软件包经过扩展后,可以提供多种编程语言。编程语言主要有 S7 GRAPH、S7 HiGraph、S7 SCL 和 CFC。

① S7 GRAPH 是用于对顺序控制(步和转移)进行编程的编程语言。在该语言中,过程顺序分成几步,步包含控制输出的动作,由转移条件控制从一个步到另一个步的转移。

② S7 HiGraph 是一种以状态图的形式描述异步、非顺序过程的编程语言。设备可分成几个独立功能单元,每个功能单元可处于不同状态,可通过在图形之间交换信息而使这些功能单元同步。

③ S7 SCL 是符合 EN 61131-3(IEC 1131-3)标准的基于文本的高级语言。它的语言结构与编程语言 C 和 Pascal 相似,因此,S7 SCL 尤其适用于熟悉高级编程语言的用户使用。例如,S7 SCL 可用于编制复杂或频繁发生的功能。

④ CFC 是以图形方式互联功能的编程语言。这些功能涉及范围非常大,从大量简单逻辑操作到复杂控制和控制电路均可使用。该语言通过将库中功能块复制到图表中,并用连接线将其连接来实现编程。

**2. 硬件组态**

硬件组态主要有两大部分工作,分别为"组态"和"分配参数"。

① "组态"指的是在站窗口中对机架、模块、分布式 I/O(DP)机架以及接口子模块等进行排列。使用组态表表示机架,就像实际的机架一样,可在其中插入特定数目的模块。在组态表中,STEP 7 自动给每个模块分配一个地址。如果站中的 CPU 可自由寻址,那么,可以人为改变站中模块地址。组态结果可以任意多次复制给其他 STEP 7 项目并进行必要修改,然后将其下载到一个或多个现有的设备中去。当 PLC 启动时,CPU 将比较 STEP 7 中创建的预置组态与设备的实际组态是否一致,并给出比较结果。

② "分配参数"指的是对本地组态中和网络中的可编程模块设置属性,对主站系统的总线参数、主站与从站参数进行设置。参数将下载给 CPU 并有 CPU 传送给各自的模块,可方便地对模块进行替换。因为在启动期间,自动将使用 STEP 7 所设置的参数下载给新的模块。

**3. 软件编程与块的管理**

用户程序由用户在 STEP 7 中生成,然后将它下载到 CPU。用户程序包含处理用户特定的自动化任务所需要的所有功能。STEP 7 将用户编写的程序和程序所需的数据放置在块中,使单个的程序部件标准化。通过在块内或块之间类似于程序的调用,使用户程序结构化,可以简化程序组织,使程序易于修改、查错和调试。块结构显著地增加了 PLC 程序的组织透明性、可理解性和易维护性。OB、FB、FC、SFB 和 SFC 都包含部分程序,统称为逻辑块。DI 和 DB 仅存储数据,称为数据块。

**4. 上传与下载**

程序下载与上传的前提是 PLC 已经建立了一个在线连接,以便上传与下载程序。下载的具体工作过程为:

① 接通电源。实用 ON/OFF 开关接通电源,CPU 上的二极管"DC 5V"将点亮;将操作模式开关转到 STOP 位置。

② 复位 CPU 并切换到 RUN。将操作模式开关转换到 MRES 位置并保持时间 3 s,直到红色的"STOP"发光二极管开始慢闪为止,然后释放开关,并且最多在 3 s 内将开关再次转到

MRES 位置；当"STOP"LED 快闪时，CPU 已被复位。存储器复位功能将删除 CPU 上的所有数据。

③ 将程序下载到 CPU。将操作模式开关重新切换到"STOP"位置，以便下载程序。

上传的具体工作过程比较简单，只要接通电源，且将操作模式开关切换到"STOP"模式即可。

需要说明的是，在下载过程中，硬件组态以及各程序块既可以单独下载也可以分别下载，如果在调试过程中仅仅改变了某一个程序块，则下载时就可以单独下载此程序块。

**5. 程序调试**

在 STEP 7 中调试程序的方法有多种，从整体来看可以大致分为以下几种：

1）使用程序状态调试程序。使用程序状态功能时，需要 PLC 与编程器建立在线连接，程序已经下载，且 PLC CPU 处于 RUN 或 RUN-P 模式，另外需要激活软件的监视功能。

2）使用变量表调试程序。编程人员可以通过监视和修改各个程序的变量来对它们进行测试。使用此种方法的前提依旧是需要编程器与 PLC 建立在线连接，PLC CPU 处于 RUN 或者 RUN-P 状态，并且程序已经下载。该方法的具体工作步骤是：

① 创建变量表。

② 将变量表切换到在线方式。

③ 监视变量。

④ 修改变量。

**6. STEP 7 的帮助功能**

1）在线帮助功能。选定想得到在线帮助的菜单项目，或打开对话框，按 F1 键便可以得到与它们有关的在线帮助。

2）从帮助菜单中获得帮助。利用菜单命令 HELP|Contents 进入帮助窗口，借助目录浏览器寻找需要的帮助主题，窗口中的检索部分提供了按字母顺序排列的主题关键词，可以查找与某一关键词有关的帮助。

单击工具栏上有问号和箭头的按钮，出现带问号的光标，用它单击画面上的对象时，会进入相应的帮助窗口。

# 第 2 章 STEP 7 硬件组态与参数设置方法

## 2.1 STEP 7 的硬件组态方法

### 2.1.1 项目的创建

具体操作步骤如下所述。

① 双击 SIMATIC Manager 窗口弹出图 2-1 所示对话框,然后单击 Next 按钮。

② 进入图 2-2 所示界面,选择 PLC CPU 的型号与 MPI 地址,然后单击 Next 按钮。

③ 进入图 2-3 所示界面,选择编程模块和编程语言,然后单击 Next 按钮。

④ 进入图 2-4 所示画面,填写项目名称,并列出已存在的项目,单击完成弹出图 2-5 所示画面。

⑤ 由于在步骤③时,仅仅选择了 OB1 模块,因此图 2-5 中右栏仅有 OB1 模块,双击 OB1 模块弹出编程画面,如图 2-6 所示。

图 2-1 项目创建窗口

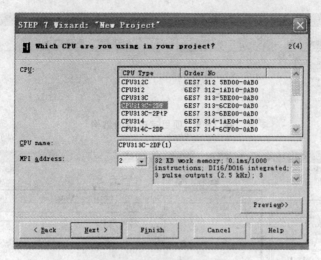

图 2-2　CPU 选型窗口

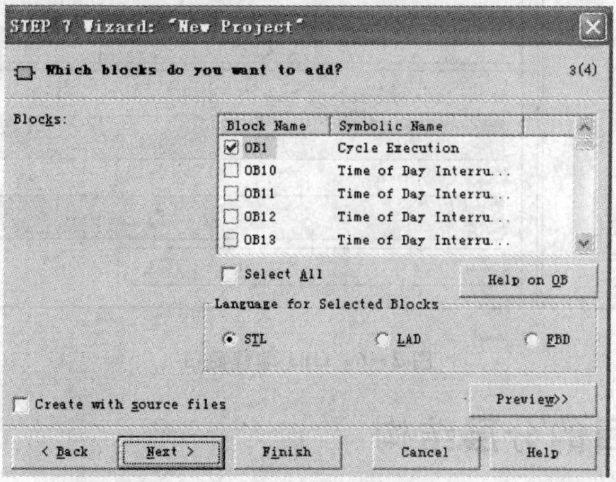

图 2-3　选择编程模块和编程语言窗口

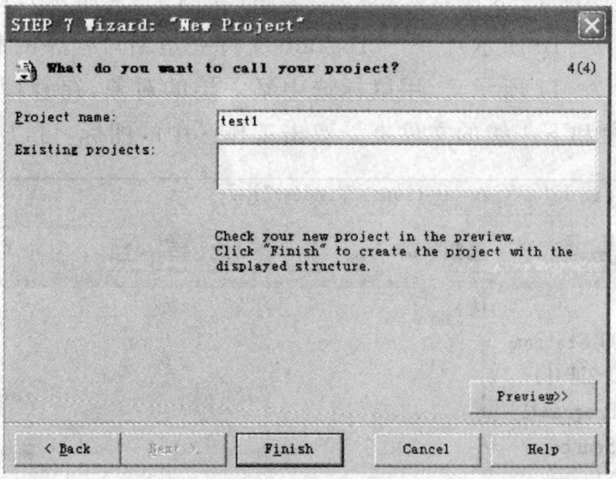

图 2-4　填写项目名称窗口

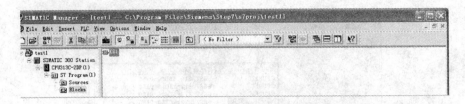

图 2-5　项目完成后的结构

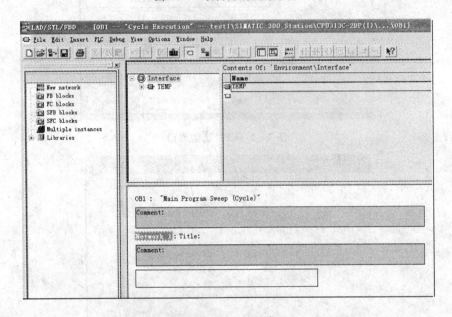

图 2-6　OB1 编程窗口

## 2.1.2　项目的分层结构

在项目中,数据在分层结构中以对象的形式保存,图 2-7 中左边窗口内的树显示项目的结构。第一层为项目(如图 2-8 所示),第二层为站(如图 2-9 所示),站是组态硬件的起点。站内的软件结构(如图 2-10 所示)。S7 Program 文件夹是编写程序的起点,所有的软件均存放在该文件夹中(如图 2-11 所示)。用鼠标选中某一层的对象,在管理器右边的工作区将显示所选文件夹内的对象和下一级的文件夹。双击工作区中的图标,可以打开并编辑对象。

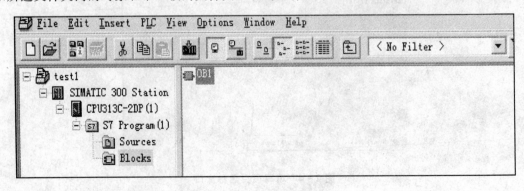

图 2-7　项目的树形结构

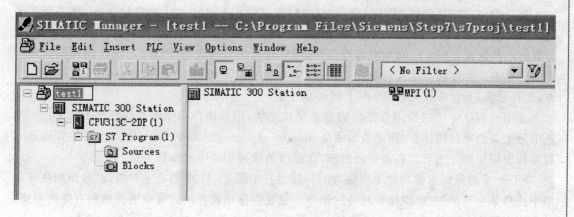

图 2 - 8　项目内容显示窗口

图 2 - 9　站内容显示窗口

图 2 - 10　站内的软件

图 2 - 11　程序的结构

项目中包含站对象和 MPI 对象,站对象包含硬件和 CPU,CPU 对象包含 S7 程序和连接对象,S7 程序对象包含源文件、块和符号表。生成程序时会自动生成一个空的符号表,符号表需要程序员定义。Blocks 对象包含程序块、用户定义的数据类型 UDT、系统数据和调试程序用的变量表。程序块包括逻辑块和数据块,需要把它们下载到 CPU,程序块用于执行控制任务;而符号表、变量表和 UDT 不用下载到 CPU。

在用户程序中可以调用系统功能和系统功能块,但是用户不能编写或修改 SFC 和 SFB。选中最上层的项目图标后,使用菜单命令 insert−station 插入新的站,可以用类似的方法插入程序和逻辑块等。也可以右击项目图标,在弹出的快捷菜单中选择插入站。

STEP 7 的鼠标右键功能是很强大的。通过右击图 2−11 中的某一对象,在弹出的快捷菜单中选择某一菜单项,可以执行相应的操作。建议在使用软件的过程中逐渐熟悉右键的功能,并充分利用它。

用户生成的变量表 VAT 在调试用户程序时用于监视和修改变量。系统数据块 SDB 中的系统数据含有系统组态和系统参数的信息,它是用户进行硬件组态时提供的数据自动生成的。除了系统数据块,用户程序中其他的块都需要相应的编辑器进行编辑。这些编辑器在双击相应的块时自动打开。

## 2.1.3 硬件组态的任务与步骤

### 1. 硬件组态的任务

在 PLC 控制系统设计的初期,首先应根据系统的输入、输出信号的性质和点数,以及对控制系统的功能要求,确定系统的硬件配置。例如 CPU 模块与电源模块的型号,需要哪些信号模块 SM、功能模块 FM 和通信处理模块 CP,各种模块的型号和每种型号的块数等。对于 S7−300 来说,如果 SM、FM 和 CP 的块数超过 8 块,除了中央机架外还需要配置扩展机架和接口模块 IM。确定了系统的硬件组成后,需要在 STEP 7 中完成硬件配置工作。

硬件组态的任务就是在 STEP 7 中生成一个与实际的硬件系统完全相同的系统。例如,要生成网络、网络中各个站的机架和模块,以及设置各硬件组成部分的参数。所有模块的参数都是用编程软件来设置的,完全取消了过去用来设置参数的硬件 DIP 开关。硬件组态确定了 PLC I/O 的地址,为设计用户程序打下基础。

组态时设置的 CPU 的参数保存在系统数据块 SDB 中,其他模块的参数保存在 CPU 中。PLC 在启动时,CPU 自动地向其他模块传送设置的参数,因此在更换 CPU 之外的模块后不需要重新对它们赋值。PLC 在启动时,将 STEP 7 中生成的硬件设置与实际的硬件配置进行比较,如果两者不一致,将立即产生错误报告。模块在出厂时带有预置的参数,或成为默认的参数,一般可以采用这些预置的参数。通过多项选择和限制输入的数据,系统可以防止不正确的输入。

对于网络系统,需要对以太网、PROFIBUS-DP 和 MPI 等网络的结构和通信参数进行组态,将分布式 I/O 连接到主站。例如,可以将 MPI 通信组态为时间驱动的循环数据传送或事件驱动的数据传送。

对于硬件已经装配好的系统,用 STEP 7 建立网络中各个站对象后,可以通过通信从 CPU 读出实际的组态和参数。

### 2. 硬件组态的步骤

① 单击图 2−12 左栏中的站对象,在右侧显示出该站对象中包含的内容。

② 双击 hardware,弹出如图 2-13 所示的硬件组态窗口。

③ 双击生成机架,在机架中放置模块,如图 2-14 所示。

④ 双击模块,在打开的对话框中设置模块的参数,包括模块的属性和 DP 主站、从站的参数。模块的设置方法将在后续的章节中介绍。

⑤ 保存硬件设置,并将它下载到 PLC 中去。

图 2-12　站的组态窗口

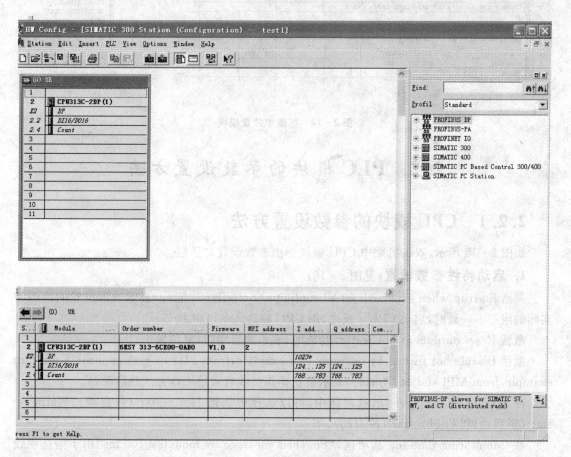

图 2-13　硬件组态窗口

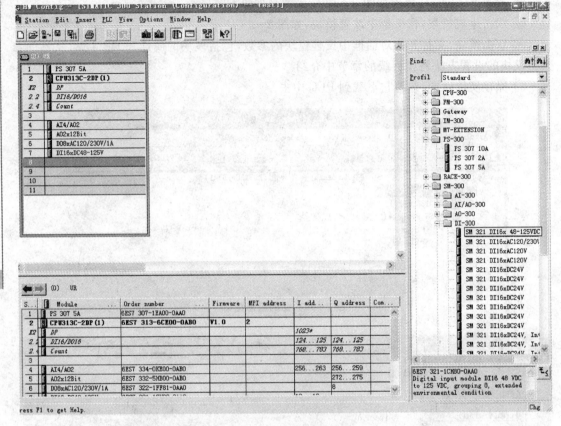

图 2-14　机架中放置模块

# 2.2　PLC 模块的参数设置方法

## 2.2.1　CPU 模块的参数设置方法

如图 2-15 所示,双击机架中 CPU 模块弹出参数设置对话框。

**1. 启动特性参数设置**(见图 2-16)

激活 Startup when expected/actual configuration differ 功能时,表示当预设置的组态与实际的组态不一致时,启动 CPU。反之,则 CPU 将进入 STOP 状态。

激活 Reset outputs at hot restart 功能时,表示热启动时,复位输出。

激活 Disable hot restart by operator (for example,from PG) or communication job (for example,from MPI station)功能时,表示禁止操作员或者通信工作方式热启动。

在 Startup after Power On 选项区中,可以选择单选框 Hot restart(热启动)、Warm restart(暖启动)和 Cold restart(冷启动)。

在"Monitoring time for"选项区,"Finished"message by modules[100 ms]用于指选项设置的时间,表明电源接通后,CPU 等待所有被组态的模块发出"完成信息"的时间,如果超过设置的时间,表示实际的组态不等于预置的组态。该时间的设置范围为 1～650,单位为 100 ms,

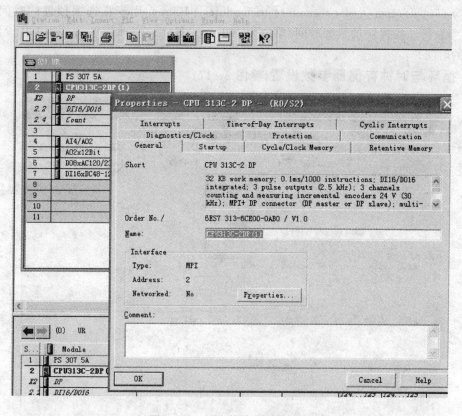

图 2-15　CPU 模块的参数设置

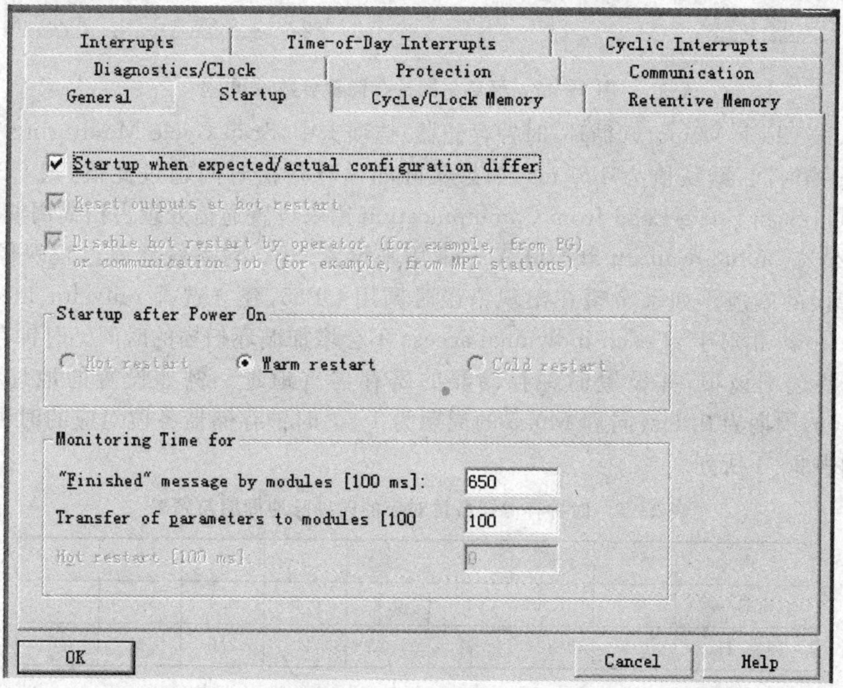

图 2-16　启动特性参数设置

默认值为 650。Transfer of parameters to modules［100ms］用于指选项预置的时间，表示 CPU 将参数传送给模块的最大时间，单位为 100 ms。Hot restart［100 ms］用于指设置热启动所需的时间。

**2. 循环与时钟存储器参数设置**（见图 2-17）

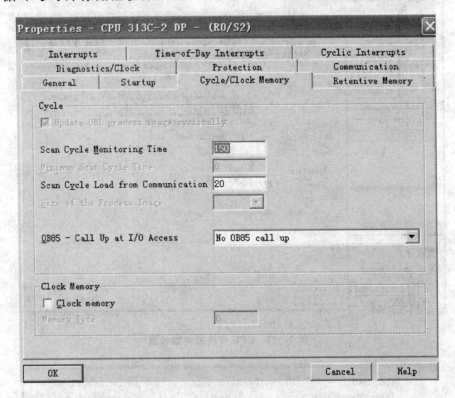

**图 2-17　循环与时钟存储器参数设置**

在 Cycle/Clock Memory（循环/时钟存储器）选项卡中，Scan Cycle Monitoring Time 用来设置循环扫描时间，默认值为 150 ms，如果实际的循环扫描时间超过此值，则 CPU 将进入 STOP 模式。Scan Cycle Load from Communication 用来设置通信处理占扫描周期的百分比，默认值为 20%。OB85-Call up at I/O Access 用来设置 CPU 对系统修改过程映像时发生的 I/O 访问错误的响应。如果希望在出现错误时调用 OB85，建立选择 only for incoming and outgoing errors，相对于 at each individual access 不会增加循环扫描的时间。时钟存储器如要使用时，需要选中该项，并设置时钟存储器的寄存器首地址。例如设置的地址为 0，即为 MB0，M0.0 的周期为 0.1 s，同理 M0.5 的周期为 1 s。时钟存储器各位对应的时钟脉冲周期与频率，如表 2-1 所列。

**表 2-1　时钟存储器各位对应的时钟脉冲周期与频率**

| 位 | 7 | 6 | 5 | 4 | 3 | 2 | 1 | 0 |
|---|---|---|---|---|---|---|---|---|
| 周期/s | 2 | 1.6 | 1 | 0.8 | 0.5 | 0.4 | 0.2 | 0.1 |
| 频率/Hz | 0.5 | 0.625 | 1 | 1.25 | 2 | 2.5 | 5 | 10 |

**3. 保持存储器的参数设置**(见图 2 - 18)

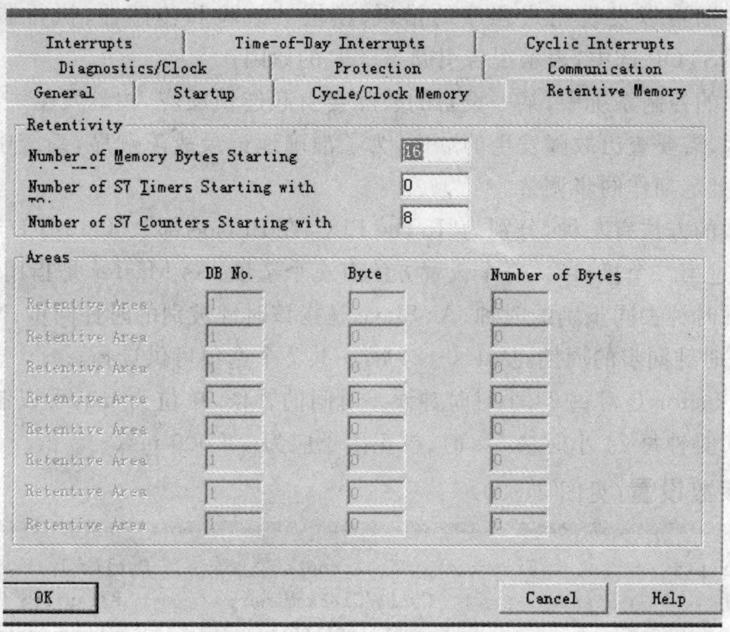

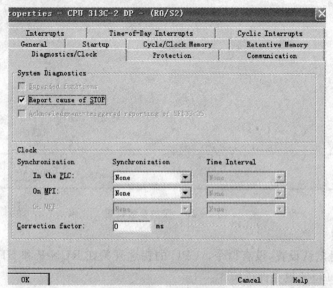

图 2 - 18　保持存储器的参数设置

在电源掉电或 CPU 从 RUN 模式进入 STOP 模式后,其内容保持不变的存储区成为保持存储区。

图 2 - 18 保持区域中的 Number of Memory Bytes from MB0,Number of S7 Timers from T0 和 Number of S7 Counters from C0 分别用来设置从 MB0、T0 和 C0 开始的需要断电保持的存储器字节数、定时器和计数器的数量,设置的范围与 CPU 的型号有关,如果超出允许的范围,将会给出提示。

**4. 系统诊断参数与实时钟的参数设置**(见图 2 - 19)

图 2 - 19　系统诊断参数与实时钟的参数设置

系统诊断是指对系统中出现的故障进行识别、评估和作出响应的响应,并保存诊断的结果。通过系统诊断可以发现用户程序的错误、模块的故障和传感器、执行器的故障等。将 Report cause of STOP 选中,表示报告引起 STOP 的原因。

在一些庞大的控制系统中,某一设备的故障会引起连锁反应,相继发生一系列事件,为了分析故障的起因,需要查出故障发生的顺序,为了准确地记录故障顺序,系统中各计算机的实时钟必须同步,且定期作同步调整。

实时钟同步的方法有三种,分别为"In the PLC/在 PLC 内部"、"On MPI/通过 MPI 接口"和"On MFI/通过第二个接口"。每个设置方法有三个选项:As Master 是指用该 CPU 模块的实时钟作为标准时钟去同步别的时钟;As Slave 是指该时钟被别的时钟同步;None 为不同步。time interval 是时钟同步的周期,从 1 s~24 h,一共 7 个选项可供选择。

Correction factor 是对每 24 小时时钟误差时间的补偿,单位为 ms,可以制定补偿值为正或为负。如果实时钟每 24 小时快 5 s 时,校正因子应为—5 000 ms。

**5. 保护参数设置**(见图 2 - 20)

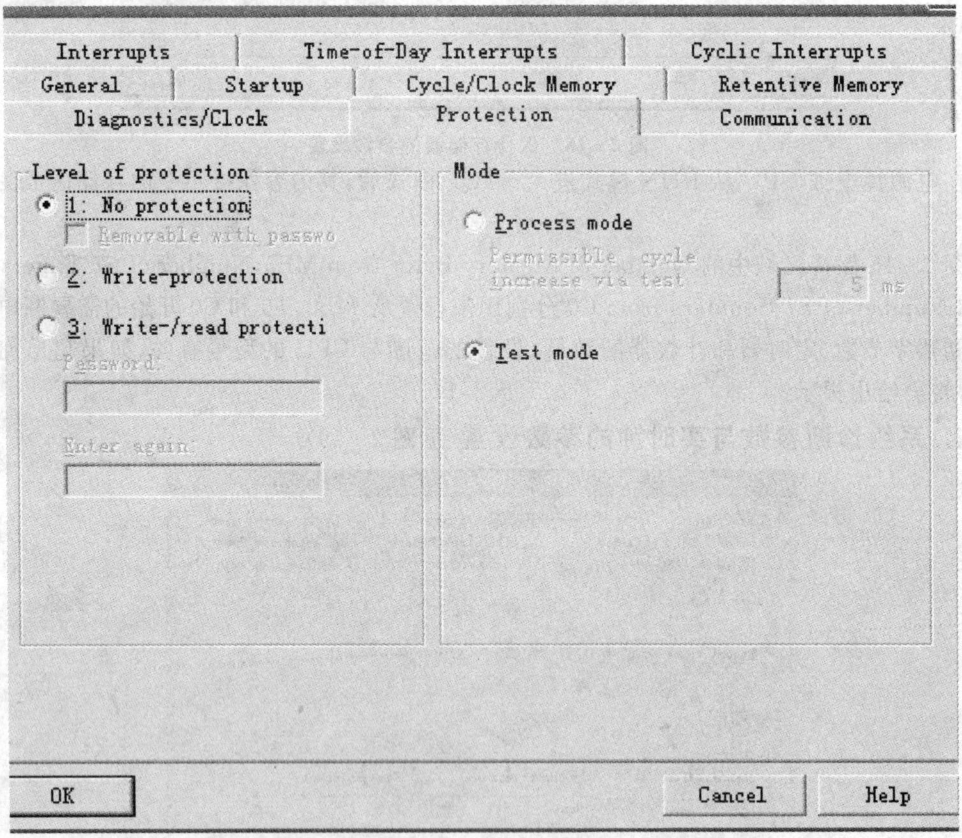

图 2 - 20  保护参数设置

**(1) 保护级别**

保护级别 1 是默认设置,没有口令。CPU 的钥匙开关在 RUN-P 和 STOP 位置时对操作没有限制,在 RUN 位置只允许读操作。

保护级别 2 是写保护。知道口令的用户可以进行读写访问,与钥匙开关的位置和保护级别无关。对于不知道口令的人员,保护级别 2 只能读访问。

保护级别 3 是读/写保护。不知口令的用户不可以进行读写访问。

**(2)运行方式选择**

Process mode 过程模式中,测试功能是被限制的,不允许断点和单步方式。Test mode 测试模式中,允许通过编程软件执行所有的测试功能,这可能引起循环扫描时间的显著的增加。

### 6. 通信参数的设置(见图 2-21)

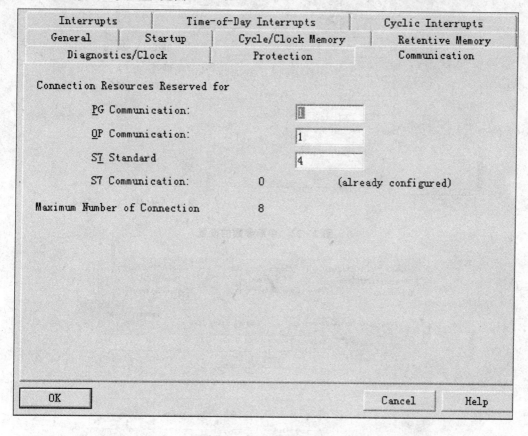

**图 2-21　通信参数的设置**

在图 2-21 中,需要设置 PG(编程器通信)、OP(操作员面板通信)和 S7 standard 通信使用的连接个数。至少应该为 PG 和 OP 分别保留一个连接。

### 7. 中断参数的设置(见图 2-22)

在图 2-22 中,可以设置硬件中断 Hardware interrupts、延迟中断 Time-delay interrupts、DPV1/Profibus—DP 中断和异步错误中断/Asynchronous error interrupts 的参数。

### 8. 日期-时间中断参数的设置(见图 2-23)

日期-时间中断时可以调用 OB10～OB17,可以设置中断的优先级 priority,通过 Active 选项决定是否激活中断,选择执行方式 Execution,共有 9 中执行方式。可以设置启动的日期和时间。

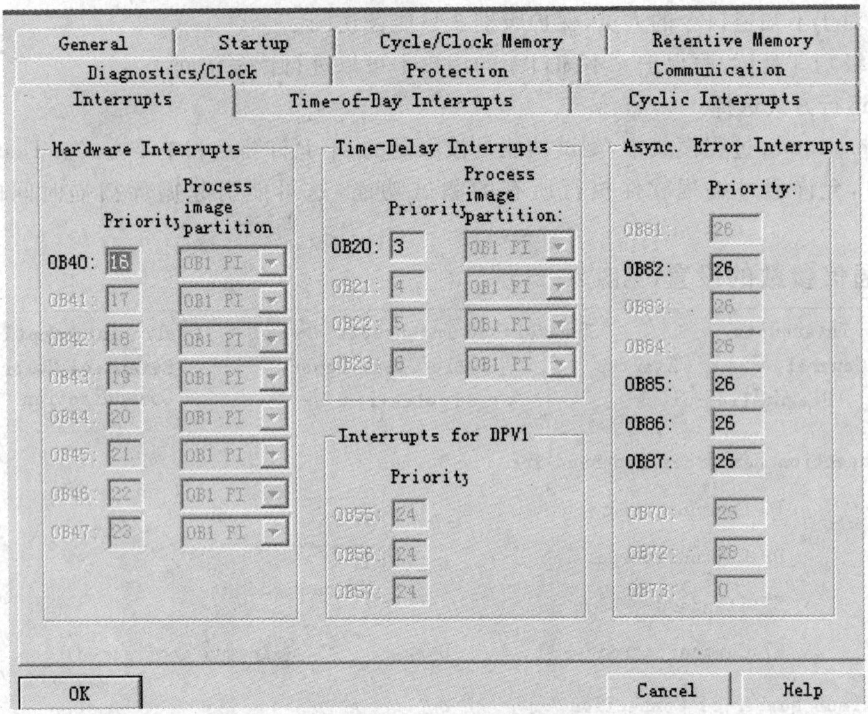

图 2 – 22  中断参数的设置

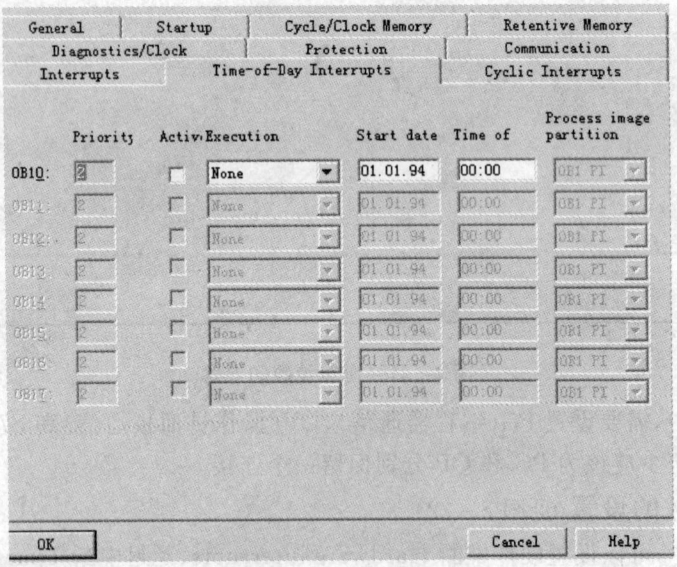

图 2 – 23  日期–时间中断参数的设置

## 9. 循环中断参数设置（见图 2-24）

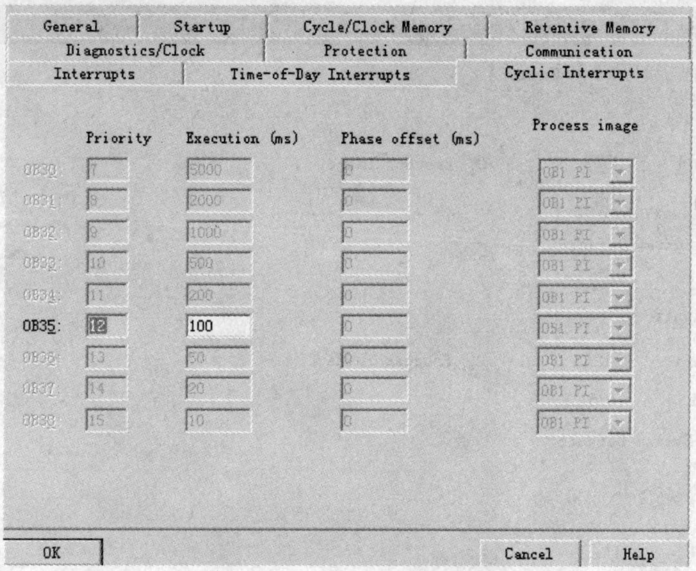

图 2-24　循环中断参数设置

在图 2-24 中，可以循环设置循环执行组织块 OB30～OB38 的参数，主要有优先级、执行的时间间隔等。

## 10. DP 参数的设置（见图 2-25）

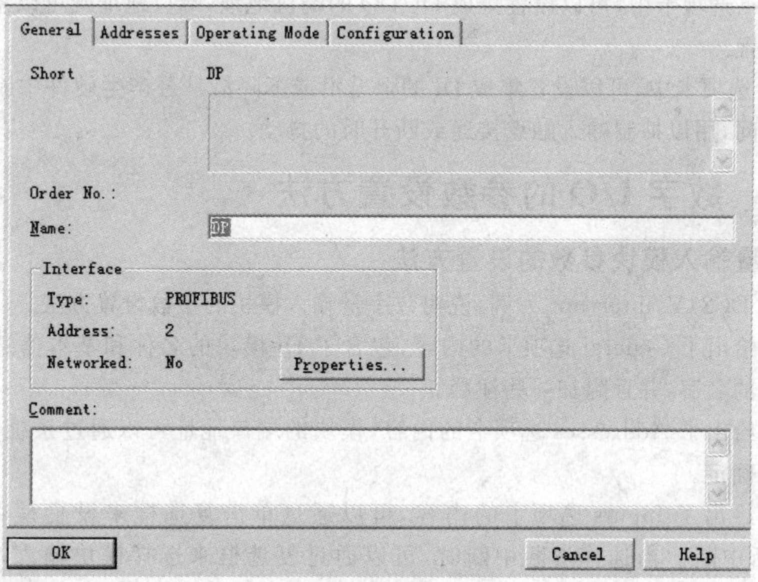

图 2-25　DP 参数的设置

双击 CPU 模块的 DP 接口弹出如图 2-25 所示对话框，可以对 DP 进行参数的设置。在 Address 选项卡中，可以设置 DP 接口诊断缓冲区的地址。在 Operating Mode 选项卡中，可以选择 DP 接口作为 DP 主站还是 DP 从站。在 Configuration 选项卡中，可以组态主-从通信方式或直接数据交换方式。

**11. 集成 I/O 参数的设置**（见图 2-26）

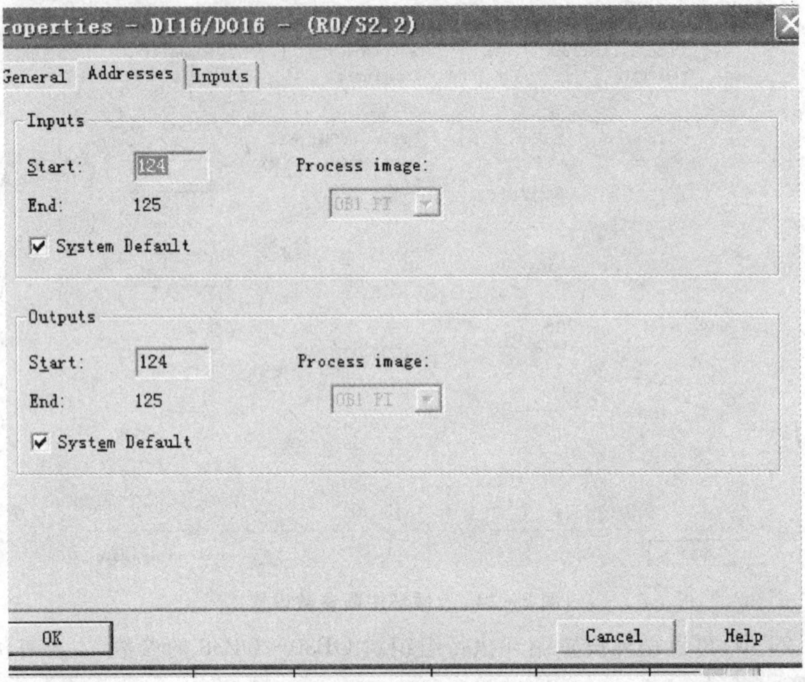

图 2-26　集成 I/O 参数的设置

在 Address 选项卡中，可以设置集成 DI/DO 的端口地址，端口地址既可以系统默认设置，也可以人工设置。

在 Inputs 选项卡中，可以设置集成 DI 的上升沿或下降沿是否产生硬件中断，并且可以设置输入延时时间，用以抑制输入触点接通或断开时的抖动。

## 2.2.2　数字 I/O 的参数设置方法

### 1. 数字量输入模块参数的设置方法

以 DI16×DC24V, interrupt 为例，说明数字量输入模块的参数设置方法。

图 2-27 给出了 General 选项卡的内容，包含了 DI 模块的名称和基本信息，编程人员可以更改该模块的名字，并且附加一些注释。

图 2-28 给出了 Addresses 选项卡的内容，模块的端口地址可以通过系统默认和手动设置两种方式来确定。

图 2-29 给出了 Inputs 选项卡的内容，可以通过单击复选框来设置是否允许产生硬件中断和诊断中断。当选择诊断中断时，可以通过复选框来选择模块输入端是否接有传感器；当选择硬件中断时，可以通过复选框来选择某个输入点的硬件触发方式是上升沿还是下降沿。

单击 Input Delay[ms]/Type of Voltage（输入延时/电压类型）文本框，可以弹出菜单，其中给出了不同的延时时间和输入电压类型。

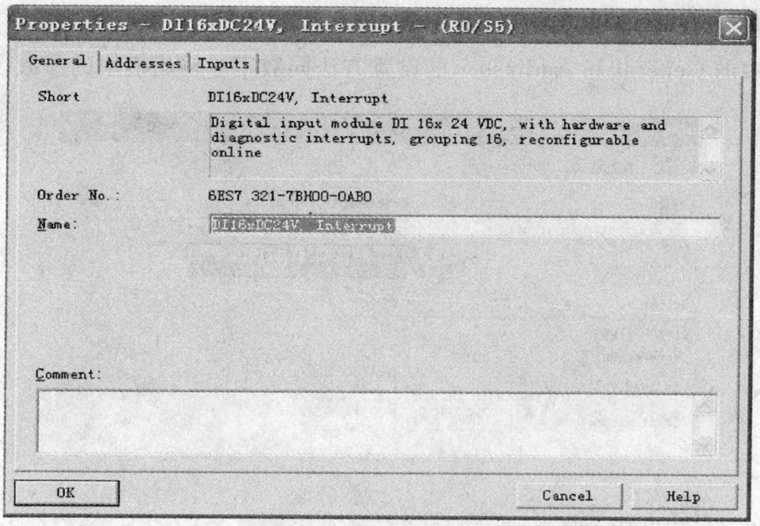

图 2 - 27　General 选项卡

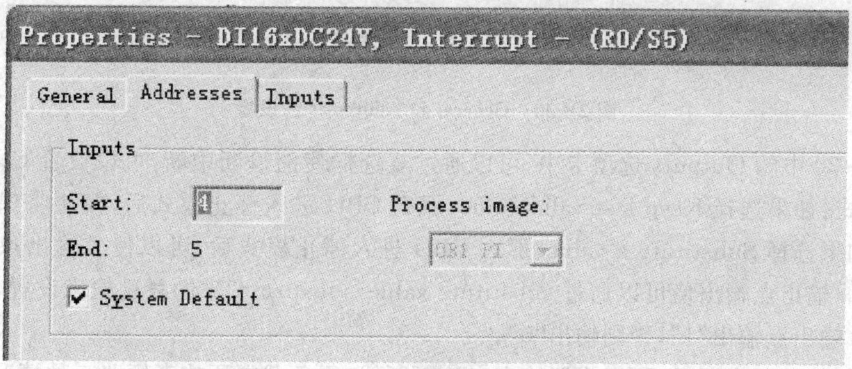

图 2 - 28　Addresses 选项卡

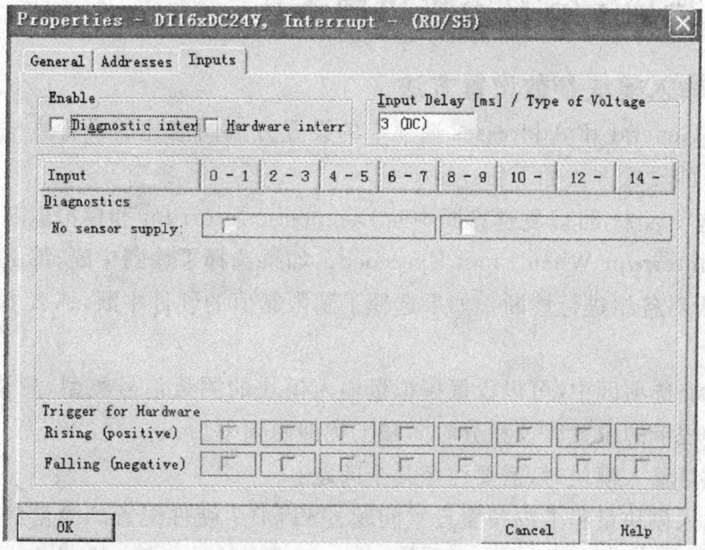

图 2 - 29　Inputs 选项卡

**2. 数字量输出模块的参数设置方法**

图 2-30 中的 General 和 Addresses 的设置方法同数字量输出模块的参数设置方法相同。

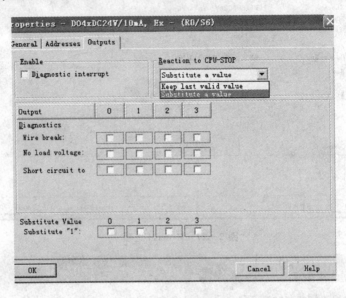

图 2-30　General 和 Addresses 的设置

图 2-30 中的 Outputs 选项卡中,可以通过复选框使能诊断中断,可以设置 CPU 停止时的处理模式:如果选择 Keep last valid value,那么 CPU 进入停止模式后,模块将保持最后的输出制;如果选择 Substitute a value,那么 CPU 进入停止模式后,可以使各输出点分别输出"0"或"1"。输出点输出值可以通过 substitute value/substitute"1"的复选框来设置,当复选框选中时,该输出点输出"1",否则输出"0"。

如果复选诊断中断时,可以设置输出点诊断断线、无负载电压或者短路三种情况。

## 2.2.3　模拟 I/O 的参数设置方法

**1. 模拟量输入模块参数设置方法**

图 2-31 中 General 和 Addresses 选项卡的设置方法同前述的设置方法相同。图 2-31 中 Inputs 选项卡的设置方法如下所述。

在 Enable 选项区中,可以复选诊断中断 Diagnostic Interrupt 和模拟值超过限制值的硬件中断 Hardware Interrupt When Limit Exceeded。如果选择了诊断中断,那么可以每两个通道为一组,设置是否对各组进行诊断。如果选择了超限制值的硬件中断,那么可以设置中断的上下限值。

在 Measuring 选项区中,可以设置模拟量输入模块的测量信号类型、测量信号的范围、模拟量输入模块量程卡的位置以及积分时间和干扰抑制频率。

在设置模拟量输入模块时,需要注意几个问题:

1)模拟量输入模块量程卡的位置设置问题。STEP 7 硬件配置的测量信号及测量量程对应的量程卡的位置应该与硬件相符合。

2)积分时间和干扰频率的问题。SM331 采用积分式 A/D 转换器,积分时间直接影响到

A/D转换时间、转换精度和干扰抑制频率。积分时间越长,精度越高,高速性越差。积分时间和干扰抑制频率互为倒数。积分时间为 20 ms 时,对 50 Hz 的干扰噪声有很强的抑制作用。为了抑制工频频率,一般选用 20 ms 的积分时间。

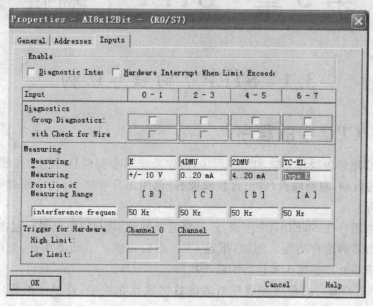

图 2 - 31　Inputs 选项卡的设置

25

# 第3章 STEP 7 编程

## 3.1 STEP 7 的程序结构

### 3.1.1 CPU 中的程序

PLC 中的程序分为操作系统和用户程序,操作系统用来实现与特定的控制任务无关的功能,处理 PLC 的启动,刷新输入/输出过程映像表,调用用户程序、处理中断和错误,管理存储区和处理通信等。

用户程序由用户在 STEP 7 中生成,然后将它下载到 CPU。用户程序包含处理用户特定的自动化任务所需的所有功能。例如,指定 CPU 暖启动或热启动的条件,处理过程数据,指定对中断的响应和处理程序正常运行中的干扰等。

STEP 7 将用户编写的程序和程序所需的数据放置在块中,使单个的程序部件标准化。通过在块内或块之间类似于子程序的调用,使用户程序结构化,可以简化程序组织,使程序易于修改、查错和调试。块结构显著地增加了 PLC 程序的组织透明性、可理解性和易维护性。

### 3.1.2 STEP 7 中的块

在 STEP 7 中,编写程序中使用最多的就是各种类型的块,其中包括组织块(OB)、系统功能块(SFB)、系统功能(SFC)、功能块(FB)、功能(FC)、背景数据块(DI)和共享数据块(DB)等,各种模块的功能各有不同。

#### 1. 组织块(OB)

组织块是操作系统和用户程序之间的接口,由操作系统调用,用户控制循环扫描和中断程序的执行、PLC 的启动和错误处理等,编程人员在组织块中编写的程序决定着 CPU 的行为。用户程序中的组织块如表 3-1 所列。

表 3-1 用户程序中的组织块

| 中断类型 | 组织块 | 优先级(默认) |
|---|---|---|
| 主程序扫描 | OB1 | 1 |
| 日期中断 | OB10~OB17 | 2 |
| 时延中断 | OB20 | 3 |
| | OB21 | 4 |
| | OB22 | 5 |
| | OB23 | 6 |

续表 3 - 1

| 中断类型 | 组织块 | 优先级（默认） |
|---|---|---|
| 循环中断 | OB30 | 7 |
| | OB31 | 8 |
| | OB32 | 9 |
| | OB33 | 10 |
| | OB34 | 11 |
| | OB35 | 12 |
| | OB36 | 13 |
| | OB37 | 14 |
| | OB38 | 15 |
| 硬件中断 | OB40 | 16 |
| | OB41 | 17 |
| | OB42 | 18 |
| | OB43 | 19 |
| | OB44 | 20 |
| | OB45 | 21 |
| | OB46 | 22 |
| | OB47 | 23 |
| DPV1 中断 | OB55 | 2 |
| | OB156 | 2 |
| | OB57 | 2 |
| 多值计算中断 | OB60 | 25 |
| 同步循环中断 | OB61 | 25 |
| | OB62 | |
| | OB63 | |
| | OB64 | |
| 冗余错误 | OB70 I/O 冗余错误 | 25 |
| | OB71 CPU 冗余错误 | 28 |
| 异步错误 | OB80 时间错误 | 25（如果启动程序中出现异步错误，则优先级为 28） |
| | OB81 电源错误 | |
| | OB82 诊断中断 | |
| | OB83 插入/移除模块中断 | |
| | OB84 CPU 硬件故障 | |
| | OB85 程序循环错误 | |
| | OB86 机架错误 | |
| | OB87 通信错误 | |

| 中断类型 | 组织块 | 优先级（默认） |
|---|---|---|
| 后台循环 | OB90 | 29 |
| 启动 | OB100 暖启动 | 27 |
| | OB101 热启动 | |
| | OB102 冷启动 | |
| 同步错误 | OB121 编程错误 | 引起错误组织块的优先级 |
| | OB122 访问错误 | |

### 2. 系统功能块(SFB)

系统功能块和系统功能是为用户提供已经编好程序的块，可以在用户程序中调用这些块，但是用户不能修改。SFB 作为操作系统的一部分，不占用程序空间。SFB 有存储功能，其变量保存在指定给它的背景数据块中。

### 3. 系统功能(SFC)

系统功能是集成在 S7 CPU 的操作系统中预先编好程序的逻辑块。SFC 属于操作系统的一部分，可以在用户程序中调用。与 SFB 相比，SFC 没有存储功能。S7 CPU 提供以下的SFC：复制及块功能、检查程序、处理时钟和运行时间计数器、数据传送、在多 CPU 模式的CPU 之间传送事件、处理日期事件中断和延时中断、处理同步错误、中断错误和异步错误、有关静态和动态系统数据的信息、过程映像刷新和位域处理、模块寻址、分布式 I/O、全局数据通信、非组态连接的通信、生成与块相关的信息等。

### 4. 系统数据块(SDB)

系统数据块由 STEP 7 产生的程序存储区，包含系统组态数据，如硬件模块参数和通信连接参数等用于 CPU 操作系统的数据。

### 5. 功能(FC)

功能是用户编写的没有固定的存储区的块，其临时变量存储在局域数据堆栈中，功能执行结束后，这些数据就丢失了。可以用共享数据区来存储那些在功能执行结束后需要保存的数据，不能为功能的局域数据分配初始值。

调用功能和功能块时用实参代替形参。形参是实参在逻辑块中的名称，功能不需要背景数据块。功能和功能块用输入(IN)、输出(OUT)和输入/输出(IN_OUT)参数作指针，指向调用它的逻辑块提供的实参。功能被调用后，可以为调用它的块提供一个数据类型为 RE-TURN 的返回值。

### 6. 功能块(FB)

功能块是用户编写的有自己的存储区的块，每次调用功能块时需要提供各种类型的数据给功能块，功能块也要返回变量给调用它的块。这些数据以静态变量(STAT)的形式存放在指定的背景数据块(DI)中，临时变量存储在局域数据堆栈中。功能块执行完后，背景数据块中的数据不会丢失，但是不会保存局域数据堆栈中的数据。

在编写调用 FB 或 SFB 的程序时，必须指定 DI 的编号，调用时 DI 被自动打开。在编译FB 或 SFB 时自动生成背景数据块中的数据。可以在用户程序中或通过人机接口访问这些背景数据。

一个功能块可以有多个背景数据块，使功能块用于不用的被控对象。

### 7. 数据块（DB 或 DI）

数据块是用于存放执行用户程序时所需的变量数据的数据区。与逻辑块不同，在数据块中没有 STEP 7 的指令，STEP 7 按数据生成的顺序自动地为数据块中的变量分配地址。数据块分为共享数据块和背景数据块。

**（1）共享数据块（DB）**

共享数据块存储的是全局数据，所有逻辑块都可以从共享数据块中读取数据，或将数据写入共享数据块。CPU 可以同时打开一个共享数据块和一个背景数据块。如果某个逻辑块被调用，它可以使用其临时局域数据区。逻辑块执行结束后，其局域数据区中的数据丢失，但是共享数据块中的数据不会丢失。

**（2）背景数据块（DI）**

背景数据块中的数据是自动生成的，它们是功能块的变量声明表中的数据（不包括临时变量 TEMP）。背景数据块用于传递参数，FB 的实参和静态数据存储在背景数据块中。调用功能块时，应同时指定背景数据块的编号或符号，背景数据块只能被指定的功能块访问。

应首先生成功能块，然后生成它的背景数据块。在生成背景数据块时，应指明它的类型为"instance"，并指明它的功能块的编号。

### 8. 块的调用

可以用 CALL 指令调用没有参数的 FC 和有参数的 FC 及 FB，用 CU（无条件调用）和 CC（RLO＝1 时调用）指令调用没有参数的 FC 和 FB。用 CALL 指令调用 FB 和 SFB 时必须指定背景数据块，静态变量和临时变量不能出现在调用指令中。

## 3.1.3　线性化编程与结构化编程

如果把整个用户程序写在 OB1 中，操作系统自动地按顺序扫描处理 OB1 中的每一条指令并不断地循环，这种编程方式就称为线性化编程。这种梯形图程序如果打印出来，看起来就跟继电控制原理展开图很相像。这种编程方式简单明了，适合于比较简单的控制任务，是许多小型可编程控制器采用的编程方式。

但是，线性化编程方式存在若干原理性的缺陷。首先，这种编程方式浪费了 CPU 的资源。因为，在这种编程方式下，CPU 在每个扫描周期都要处理程序中的全部指令，而实际上许多指令并不需要每个扫描周期都去处理。例如，在机器手动操作的时候，与自动操作相对应的程序就不需要处理；反之亦然。其次，它不利于在比较复杂的程序编制时的分工合作。最主要的是它不利于程序的结构化。

所谓结构化编程，是对应于一些典型的控制要求编写通用的程序块，这些程序块可以反复被调用以控制不同的目标。这些通用的程序块就称为结构，利用各种结构来组成程序就称为结构化编程。要实现结构化编程有两个必要条件：一是程序能够分割，二是能够实现参数赋值。S7 程序是由块组成的，程序块也可以实现参数赋值，所以可以实现结构化。结构化编程除了可以避免上述线性化编程存在的缺点外，还有许多优点。它使程序通用化、标准化，缩短了程序的长度，减少编程工作量。

结构化编程将复杂的自动化任务分解为能够反映过程的工艺、功能或可以反复使用的小任务,这些任务由相应的程序块来表示,程序运行时所需的大量数据和变量存储在数据块中。某些程序块可以用来实现相同或相似的功能。这些程序块是相对独立的,它们被 OB1 或别的程序块调用。

在块调用中,调用者可以是各种逻辑块,包括用户编写的 OB、FB、FC,系统提供的 SFB 和 SFC。被调用的块是 OB 之外的逻辑块。调用功能块时需要为它指定一个背景数据块,后者随功能块的调用而打开,在调用结束时自动关闭。

在给功能块编程时,使用的是形参,调用它时需要将实参赋值给形参。在一个项目中,可以多次调用同一个块。块调用即子程序调用,块可以嵌套调用。允许嵌套调用的层数不但与 CPU 的型号有关,而且还与 L 堆栈的大小有关。图 3-1 给出了块调用的层次关系。

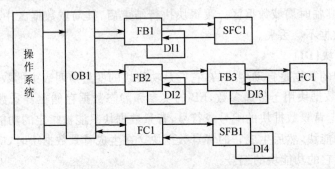

图 3-1 块调用的分层结构

## 3.2 数据类型

### 3.2.1 基本数据类型

基本数据类型包括位(Bool)、字节(Byte)、字(Word)、双字(Dword)、整数(INT)、双整数(DINT)和浮点数(Float)等。

### 3.2.2 复合数据类型

复合数据类型包括日期和时间(DATE_AND_TIME)、字符串(STRING)、数组(ARRAY)、结构(STRUCT)和用户定义数据类型(UDT)。

**1. 日期和时间**

日期和时间用 8 字节的 BCD 码来存储。第 0～5 个字节分别存储年、月、日、时、分和秒,毫秒存储在第 6 和第 7 字节的高 4 位,星期存在在第 7 字节的低 4 位。例如 2008 年 9 月 6 日 15 点 22 分 38.5 秒可以表示为 DT#08-09-06-15:22:38.5。

**2. 字符串**

字符串(STRING)由最多 254 个字符(char)和 2B 头部组成。字符串的默认长度为 254,通过定义字符串的长度可以减少它占用的存储空间。

**3. 数组**

数组(ARRAY)是同一类型的数据组合而成的一个单元。生成数组时,应指定数组的名称。

数组可以在数据块中定义,也可以在逻辑块的变量声明表中定义。下面介绍在数据块中定义的方法。在 SIMATIC 管理器中用菜单命令 insert｜S7 Program｜block｜Data block 生成一个数据块,弹出一个对话框,填写必要信息后进入图 3-2。

如图 3-2 所示,在新生成的数据块的声明表中第一行和最后一行,标有 STRUCT 和 END_STRUCT。名为 data0 的数组为二维数组有 5×6 个元素,ARRAY[1..5,1..6]下面一行的 INT 表示数组中元素均为 16 的二进制整数。INT 所在行的地址列中的"＊2.0"表示一个数组元素占用 2 字节。地址列中的"＋60.0"表示该数组 30 个元素共占用 60 字节。地址列中的数字、星号和加号都是自动生成的。

数组中的各元素可以通过在"Initial value"列设置初始值,设置初始值时相同数值可以采用简便写法,如图 3-2 所示,数组后 25 个元素初始值为 0,则采用 25(0)的写法。

在访问数组中的各元素时,由于数组是数据块的一部分,因此,访问时需要指出数据块的数组名称,以及数组元素的下标,例如"test". data0[5,1]。其中"test"为数据块的名称,"data0"为数组的名称,它们是用英文中的句号分开的。

| Address | Name | Type | Initial value | Comment |
|---|---|---|---|---|
| 0.0 | | STRUCT | | |
| +0.0 | data0 | ARRAY[1..5,1..6] | 15, 17, 18, 19, 22, 25 (0) | 5×6数组 |
| *2.0 | | INT | | |
| +60.0 | chengjidan | STRUCT | | 成绩单 |
| +0.0 | xuehao | INT | 0 | 学号 |
| +2.0 | xingming | STRING[254] | 'wang' | 姓名 |
| +258.0 | chengji | REAL | 0.000000e+000 | 成绩 |
| =262.0 | | END_STRUCT | | |
| =322.0 | | END_STRUCT | | |

图 3-2 数组及结构的设置方法

## 4. 结 构

结构是不同类型的数据的组合。可以用基本数据类型、复杂数据类型(包括数组和结构)和用户定义数据类型 UDT 作为结构中的元素。用户可以把过程控制中有关的数据统一组织在一个结构中,作为一个数据单元来使用,而不是大量的单个的元素,为统一处理不同类型的数据或参数提供了方便。

图 3-2 中定义了一个结构。名为 chengjidan 的结构由一个整数、一个字符串和一个实数组成。结构中与"chengjidan"同行,在"Type"列输入"STRUCT",在结构的最后一个元素的下面输入"END_STRUCT",分别表示用户定义的结构的开始和结束。

在结构中的地址列的数值是系统自动生成的,其中"＋0.0、＋2.0、＋258.0"表示结构元素在结构中的相对起始地址,"＝262.0、＝322.0"分别表示结构占用 252 字节,结构与数组共占用 322 字节。

在"initial value"列中可以设置结构中各元素的初始值。在"Comment"列中可以标注一些说明文字。

在访问结构中的各元素时,与数组具有类似的访问方法。需先指明数据块的名称,然后指明结构的名称,再次指明结构中各元素的名称,例如:"test". chengjidan. xingming。其中 test

为数据块的名称,chengjidan 为结构的名称,xingming 为结构中的元素。

### 5. 用户定义数据类型

用户定义数据类型(UDT)是一种特殊的数据结构,由用户自己生成,定义好后可以在用户程序中多次使用。用户定义数据类型由基本数据类型或复杂数据类型组成。定义好后可以在符号表中为它指定一个符号名,使用 UDT 可以节约录入数据的时间。

在 SIMATIC 管理器中用菜单命令 Insert|S7 Block|data type 生成 UDT,默认的名称为 UDT1。也可以单击 SIMATIC 管理器的块工作区,在弹出的菜单中选择 insert new object|data type 命令,生成新的 UDT。在生成 UDT 的元素时,可以设置它的初始值和加注释。

UDT 的定义方法和结构的定义完全相同,但是它们有本质的区别:结构是在数据块的声明表中或在逻辑块的变量声明表中与别的变量一块定义的;UDT 必须在名为 UDT 的特殊数据块内单独定义,并单独存放在一个数据块内,生成 UDT 后,在定义变量时将它作为一个数据类型来多次使用。

UDT 可以在逻辑块的变量声明表中作为基本数据类型或复杂数据类型来使用,或者在数据块中作为变量的数据类型来使用。具体设置过程如图 3-3 和图 3-4 所示。

要访问数据块中的数据类型时,不仅需要指出要访问的数据块的名称,同时还需要指出数据类型为 UDT3 的变量 xueshengxinxi 中的元素名称,如"tast". xueshengchengji. chengji。

| Address | Name | Type | Initial value | Comment |
|---|---|---|---|---|
| 0.0 | | STRUCT | | |
| +0.0 | xingming | STRING[254] | 'wangjun' | 姓名 |
| +256.0 | chengji | REAL | 0.000000e+000 | 成绩 |
| +260.0 | paiming | INT | 0 | 成绩排名 |
| =262.0 | | END_STRUCT | | |

图 3-3 数据类型为 UDT3 的变量 xueshengxinxi

| Address | Name | | Type | Initial value | Comment |
|---|---|---|---|---|---|
| 0.0 | | | STRUCT | | |
| +0.0 | data | | STRUCT | | |
| +0.0 | | banji | INT | 1 | |
| +2.0 | | xueshengxinxi | UDT3 | | |
| =264.0 | | | END_STRUCT | | |
| =264.0 | | | END_STRUCT | | |

图 3-4 数据类型为 UDT3 的使用

## 3.2.3 参数数据类型

在 SIMATIC 管理器中,选择要生成参考数据的 Blocks 文件夹,然后执行菜单命令 Options|Reference Data|Generate。另外,在 SIMATIC 管理器中右击,在弹出的窗口中选择 Reference Data|Generate,也可生成参考数据。

使用菜单命令 Option|Reference Data|Display,可以弹出图 3-5 所示对话框,对话框中给出了参考数据的类型。另外,在 SIMATIC 管理器中单击鼠标右键,在弹出的窗口中选择 Reference Data|Display,也可显示参考数据。

在图 3-5 中共有 5 类参考数据类型,分别为 Cross-reference(交叉参考表)、Assignment(Input,Output,Bit memory,Timers)(赋值表)、Program Structure(程序结构)、Unused Symbols(未用的符号)、Addresses without Symbol(没有符号的地址)。

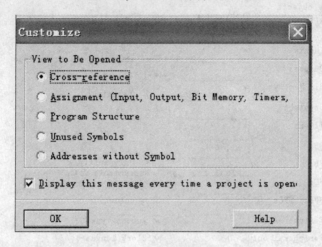

**图 3-5　参考数据类型选择**

### 1. 交叉参考表

交叉参考表(如图 3-6 所示)给出了 S7 用户程序中使用的地址情况,包括输入、输出、位存储、定时器、计数器、功能块、功能、系统功能块、系统功能和数据块等,显示它们的绝对地址符号地址以及在程序中位置和使用情况。

| Address (symbol) | Block (symbol) | Typ | Langua | Location | | | Location | | |
|---|---|---|---|---|---|---|---|---|---|
| I 0.0 (启动) | OB1 (Cycle Execution) | R | LAD | NW | 1 | /O | NW | 2 | /AN |
| I 0.1 (停止) | OB1 (Cycle Execution) | R | LAD | NW | 1 | /AN | NW | 2 | /O |
| ⊟ Q 0.0 (红灯) | OB1 (Cycle Execution) | R | LAD | NW | 2 | /O | | | |
| | | W | LAD | NW | 2 | /= | | | |
| ⊟ Q 0.1 (绿灯) | OB1 (Cycle Execution) | R | LAD | NW | 1 | /O | | | |
| | | W | LAD | NW | 1 | /= | | | |

*S7 Program(1) (Cross-references) -- test1\SIMATIC 300 Station\CPU313C-2DP(1)*

**图 3-6　交叉参考表**

Address(symbol)一列中显示绝对地址和符号地址;Block(symbol)一列中显示块名称;Type 一列中显示访问类型,其中 R 为读操作,W 为写操作;language 一列中显示了编程语言的类型;location 一列显示了变量在块中的位置以及语句表语言。

一般情况下,交叉参考表所含的信息较多,而且比较繁杂,有些信息可能对编程人员有用,有些信息可能对编程人员无用。为了快速地查询到有用信息,编程人员经常用过滤与归类功能对这些信息进行分类,以方便编程人员查询。

**(1) 过滤功能**

图 3-7 给出了过滤功能的对话框,在图中可以选中所需的目标,如输入、输出、位存储、计数器、定时器、数据块和功能块等。对于 With number 一栏中 Timers 的内容,如果为"∗",表示显示所有的定时器;如果设置为 10~15,则显示 10~15 号定时器。

Display absolutely and symbolically 复选表示同时显示绝对地址和符号地址。

Sort according to access type 选项区中,选择 1:All,显示所有的类型;选择 2:selection,有

33

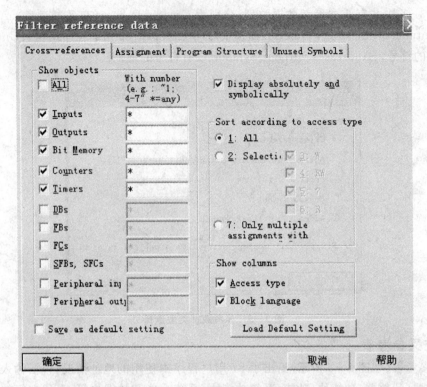

图 3-7　过滤功能的对话框

限制地显示访问类型,W 为只写,RW 为读写,？为编译时访问类型不能确定,R 为只读;选择 7:Only multiple assignments with operation"="用于搜索用户程序中是否用"="指令对位地址多次赋值,即在梯形图中,同一地址的线圈是否多次出现。

Show columns 选项区用于选择是否显示 Access type(访问类型)和 Block language(块使用的语言)。

Save as default setting 将当前的设置保存为默认的设置。

Load Default setting 用按钮装载默认的设置。

**(2) 分类功能**

图 3-8 给出按分类的方式归类信息,主要有地址或块的递增和递减顺序排列表中的参考数据。

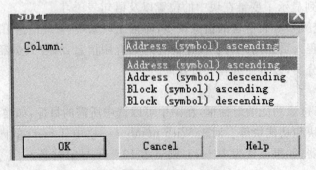

图 3-8　交叉参考表分类功能

## 2. 赋值表(见图 3-9)

赋值表显示在用户程序中已经赋值的地址,它可以用于用户程序的故障检查和程序的修改。

| S7 Program (1) (Assignment) -- test1\SIMATIC 300 Station\CPU313C-2DP(I) | |
| --- | --- |

| Inputs, outputs, bit memory | | | | | | | | | | | | | | Timers, counters | | | | | | | | | |
| --- | --- | --- | --- | --- | --- | --- | --- | --- | --- | --- | --- | --- | --- | --- | --- | --- | --- | --- | --- | --- | --- | --- |
| | 7 | 6 | 5 | 4 | 3 | 2 | 1 | 0 | B | W | D | | | 0 | 1 | 2 | 3 | 4 | 5 | 6 | 7 | 8 |
| IB0 | | | | | | | X | X | | | | | T0-9 | | | | | | | | | | |
| QB0 | | | | | | | X | X | | | | | C0-9 | | | | | | | | | | |
| MB0 | | | | | | | | | | | | | | | | | | | | | | | |

图 3-9　赋值表

左边的 I/Q/M 赋值表显示输入、输出和位存储器中哪个字节中的哪一位被使用了。定时器和计数器赋值表显示用户程序中已经使用的定时器和计数器。

## 3. 程序结构(见图 3-10)

| S7 Program (1) (Program structure) -- test1\SIMATIC 300 Station\CPU313C-2DP(I) | | | | | |
| --- | --- | --- | --- | --- | --- |
| Start | OB1 (Cycle Execution) ▼ | | | | |
| Block(symbol), Instance DB(symbol) | | Local | Languag | Location | Local data (for blocks) |
| S7 Program | | | | | |
|   OB1 (Cycle Execution) [maximum: 22] | | [22] | | | [22] |
|     FC1 | | [22] | LAD | NW   3 | [0] |
|   DB1 | | [0] | | | [0] |

图 3-10　程序结构

程序结构显示用户程序中块的分层调用结构,通过它可以对程序所用的块、它们的从属关系以及它们对局域数据的需要有一个概括的了解。

Block(symbol),Instance DB(symbol)一列中,显示了程序块和它的背景数据块。Local data(in the path)一列中,显示了调用结构中需要的最大的局域数据字节数,包括每个 OB 需要的最大局域数据和每个路径需要的局域数据。Language 一列中,表明调用块的编程语言。Location 一列中,显示与编程语言有关的调用块中调用点的位置。NW 是网格的缩写。没有被调用的块显示在程序结构的底部,并且用黑叉标记。Local data(for blocks)一列中,给出了每个程序块需要的局域数据字节数。

## 4. 未用的符号

在参考数据窗口中执行 View 菜单中的命令 Unused symbols,可以显示在符号表中已经定义但是没有在用户程序中使用的符号。如图 3-11 所示,在图中给出了未使用符号的地址和数据类型以及注释等信息。

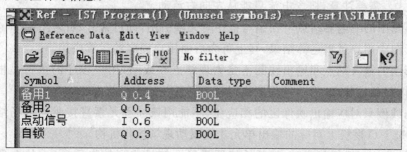

| Symbol ▲ | Address | Data type | Comment |
| --- | --- | --- | --- |
| 备用1 | Q 0.4 | BOOL | |
| 备用2 | Q 0.5 | BOOL | |
| 点动信号 | I 0.6 | BOOL | |
| 自锁 | Q 0.3 | BOOL | |

图 3-11　未使用符号信息

### 5. 没有在符号表中定义的地址

在参考数据窗口中执行 View 菜单中的命令 Address without symbols，可以显示已经在用户程序中使用，但是没有在符号表中定义的据对地址。如图 3-12 所示，图中给出了没有在符号表中定义的地址和该地址在用户程序中使用的次数。

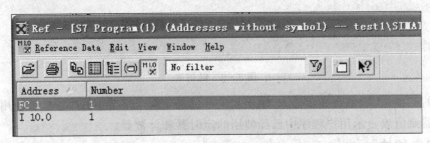

图 3-12　在符号表中未定义信息

## 3.3　编程语言

STEP 7 是 S7-300/400 系列 PLC 的编程软件。前面曾阐述过，梯形图、语句表和功能图是标准的 STEP 7 软件包配备的 3 种基本编程语言，这 3 种编程语言可以在 STEP 7 中相互转换。STEP 7 还有其他几种常用的编程语言供用户使用，但是在购买软件时对可选的部分需要附加的费用。

## 3.3.1　梯形图 LAD

梯形图是使用最多的 PLC 图形编程语言。梯形图和继电器电路图很相似，具有直观易懂的优点，很容易被熟悉继电器控制的电气人员掌握，特别适合于数字量逻辑控制。有时把梯形图成为电路或程序。

梯形图语言的编程特点主要有：

① 梯形图中的继电器不是物理继电器，每个继电器实际上是映像寄存器的一位，因此称为"软继电器"。相应位的状态为"1"，表示该继电器线圈通电，其常开触点闭合，常闭触点断开；反之，常开触点断开，常闭触点闭合。

② 梯形图中电流不是物理电流，而是概念电流，是用户程序执行中满足输出执行条件的形象表示方式。需要注意，概念电流只能从左向右流动。

③ 梯形图中的继电器结点可在编写程序时无限引用，即可常开、可常闭。

④ 梯形图中用户逻辑运算结果，马上可为后面用户程序的运算应用。

⑤ 梯形图的输入结点和输出线圈不是物理结点和线圈，用户程序的执行是根据 PLC 内 I/O 映像区内每位的状态，而不是程序执行时现场开关的实际状态。

⑥ 输出线圈只对应输出映像区的相应位，不能用该编程元素直接驱动现场结构；该位的状态必须通过 I/O 模板上对应的输出单元才能驱动现场执行机构。

⑦ 当 PLC 处于运行状态时，就开始按照梯形图符号排列的先后顺序，从上到下，从左到右，逐一处理。也就是说，PLC 对梯形图是按照扫描方式顺序执行程序。

### 3.3.2  语句表 STL

语句表类似于计算机汇编语言,是由若干条语句组成的程序,是用指令助记符号编程的。与汇编语言不同的是,PLC 的语句表比汇编语言通俗易懂,因此也是应用较多的一种编程语言。

### 3.3.3  功能块图 FBD

功能块图使用类似于布尔代数的图形逻辑符号来表示控制逻辑。一些复杂的功能用指令框来表示,有数字电路基础的使用者很容易掌握。功能块图用类似于与门、或门的方框来表示逻辑运算关系,方框的左侧为逻辑运算的输入变量,右侧为输出变量,输入、输出端的小圆圈表示"非运算",方框被"导线"连接在一起,信号自左向右流动。

### 3.3.4  结构化控制语言 S7 – SCL

结构文本是为 IEC 61131 – 3 标准创建的一种专用的高级编程语言。结构文本类似于 BASIC 编程,利用它可以很方便地建立、编辑和实现复杂的算法,特别是在数据处理、计算存储、决策判断、优化算法等涉及描述多种数据类型的变量应用中非常有效。

STEP 7 的 S7 SCL(结构化控制语言)是符合 IEC 61131 – 3 标准的高级文本语言。它的语言结构与编程语言 Pascal 和 C 语言相似,特别适合于习惯使用高级编程语言的人使用。S7 SCL 适合于复杂的公式计算和最优化算法,或管理大量的数据等。

### 3.3.5  顺序功能图 S7 – GRAPH

很多工业过程是按照顺序进行的,设计顺序控制系统的梯形图有一套固定的方法和步骤可以遵循。这种系统化的设计方法采用一些简单的图形符号来形象地表示,以此描述出整个控制系统的控制过程、功能和特性,这就是所谓的顺序功能流程图,简称 SFC。它简单易学,设计周期短,规律性强,且设计出来的程序结构清晰,可读性好。

STEP 7 的 S7 Graph 就是一种顺序功能图语言,在 S7 Graph 中生成顺序功能图后便完成编程工作。在 IEC 的 PLC 标准(IEC 61131)中,顺序功能图是 PLC 位居首位的编程语言。我国在 1986 年颁布了顺序功能图的国家标准 GB6988.6—1996。

### 3.3.6  S7 HiGraph

图形编程语言 S7 HiGraph 属于可选软件包,它用状态图(State graphs)来描述异步、非顺序过程的编程语言。系统被分解为几个功能单元,每个单元呈现不同的状态,各功能单元的同步信息可以在图形之间交换。需要为不同状态之间的切换定义转换条件,用类似于语句表的语言描述指定状态的动作和状态之间的转换条件。

### 3.3.7  CFC

可选软件包 CFC(Continuous Function Chart,连续功能图)用图形方式连接程序库中以块的形式提供的各种功能,包括从简单的逻辑操作到复杂的闭环和开环控制等领域。编程时将这些块复制图中并用线连接起来即可。

用户不需要掌握详细的编程知识以及 PLC 的专门知识，只需要具有行业所必需的工艺技术方面的知识，就可以用 CFC 来编程。

# 3.4 STEP 7 编程操作

## 3.4.1 程序的下载与上载

### 1. 程序的下载

#### (1) 下载方法 1

程序下载时，可以在 SIMATIC 300 station 一层中，单击 PLC|Download 下载程序，此时下载的内容既有程序又有硬件配置，如图 3-13 所示。

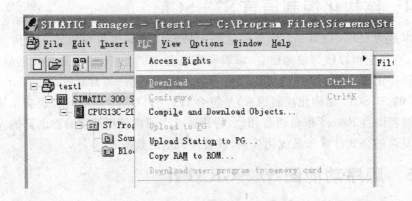

**图 3-13 程序下载方法 1**

#### (2) 下载方法 2

程序下载时，可以在 Blocks 一层中，单击 PLC|Download 下载程序，此时下载的程序仅为用户程序，而不包括硬件配置。如图 3-14 所示。

硬件配置可以从图 3-15 硬件配置界面中，单击 PLC|Download 下载硬件配置。

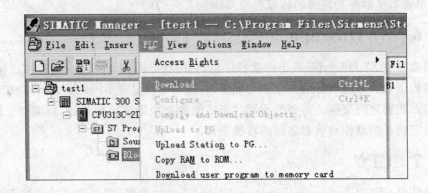

**图 3-14 程序下载方法 2**

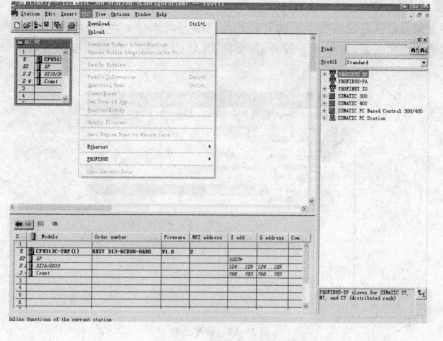

图 3 - 15　硬件配置下载

**(3) 下载方法 3**

硬件配置、各程序块可以分别下载。

硬件配置的下载方法图 3 - 15 已经给出。各程序块的下载方法如图 3 - 16 所示，从每个程序块编辑窗口中直接下载。

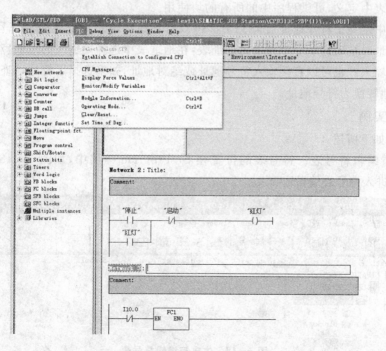

图 3 - 16　程序下载

**2. 程序的上载**

程序上载可以从各层结构中通过单击 PLC|Upload Station to PG，如图 3-17 所示。

需要特别说明的是，在程序下载时，需要将 PLC CPU 的工作模式扳到 STOP 或 RUN-P 的模式下。

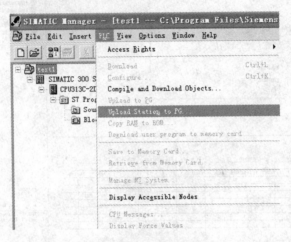

图 3-17 程序上载

## 3.4.2 符号表的使用及应用实例

**1. 符号表的使用**

在程序中可以用绝对地址访问变量，但是使用符号地址可使程序更容易阅读和理解。共享符号在符号表中定义，可供程序中的所有的块使用。

在符号表中定义了符号地址后，STEP 7 可以自动地将绝对地址转换为符号地址。可以设置在输入地址时自动启动一个弹出式地址表，在地址表中选择要输入的地址，双击它就可以完成该地址的输入。也可以直接输入符号地址或绝对地址，如果选择了符号地址，输入绝对地址后，将自动地转换为符号地址。

**2. 应用实例**

操作步骤如下所述。

① 生成与编辑符号表。符号表的位置在 S7 Program 一层中，如图 3-18 所示。双击 symbols 即可进入符号表编辑窗口。

图 3-18 生成与编辑符号表

② 符号表的编辑。在符号表中共有四列内容,分别为符号地址名称、绝对地址、数据类型和注释。根据编程人员所需的点和个人设置符号的爱好设置符号表的内容。如图 3-19 所示。

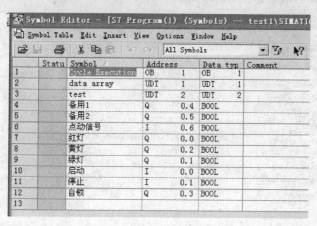

图 3-19 编辑符号表

## 3.4.3 变量表的使用及应用实例

### 1. 变量表的使用

程序调试时,程序状态功能只能在屏幕上显示一小块程序,在调试较大的程序时,往往不能同时显示和调试某一部分所需的全部变量。变量表就可以有效地解决折中问题。使用变量表可以在一个画面中同时监视、修改和强制用户感兴趣的全部变量。一个项目可以生成多个变量表,以满足不同的调试要求。

在变量表中,可以复制或显示的变量包括输入、输出、位存储器、定时器、计时器、数据块内的存器和外设 I/O。

### 2. 应用实例

操作步骤如下所述。

① 生成新的变量表或打开已经存在的变量表,编辑和检查变量表的内容。如图 3-20 所示。

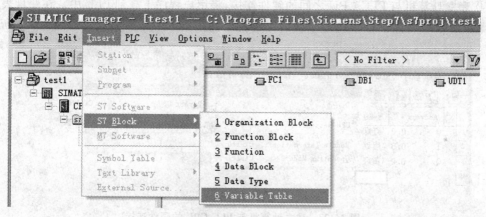

图 3-20 插入变量表

② 设置变量表的一些基本属性(如图 3-21 所示)。

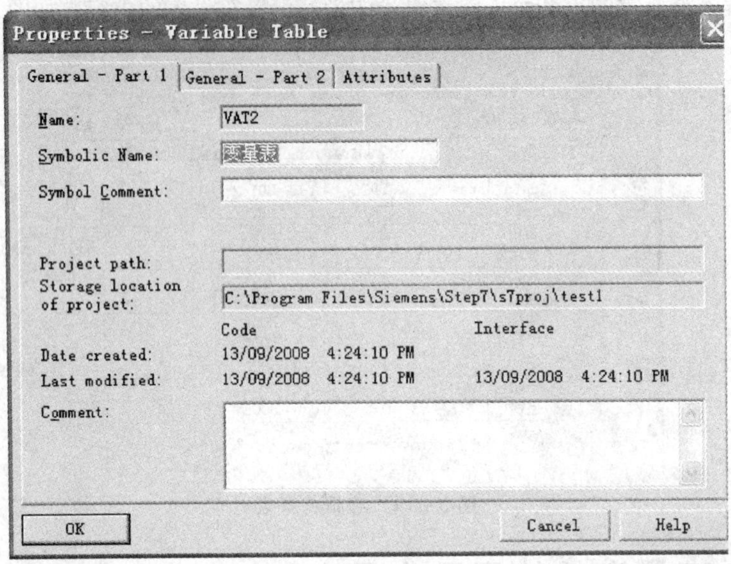

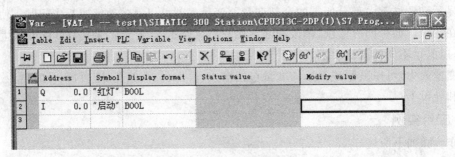

**图 3-21 变量表属性设置**

③ 修改与编辑变量表(如图 3-22 所示)。需要监视、修改与强制的变量,直接在地址栏输入地址或符号栏输入符号地址即可。如需修改数据可以在 Modify value 一栏中修改变量的数值。

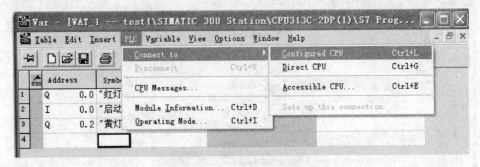

**图 3-22 编辑与修改变量表**

④ 建立计算机与 PLC CPU 之间的硬件连接,将用户程序下载到 PLC 中。在变量表窗口中用菜单命令 PLC|Connect to 建立当前变量表与 CPU 之间的在线连接。如图 3-23 所示。

**图 3-23 建立计算机与 PLC CPU 的硬件连接**

⑤ 用菜单命令 Variable|trigger 选择合适的触发点和触发条件。如图 3 – 24 和图 3 – 25 所示。

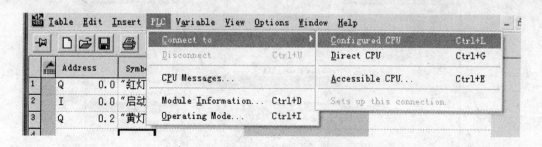

图 3 – 24　触发选项

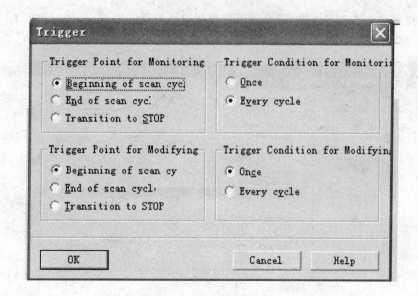

图 3 – 25　设置触发条件

⑥ 将 PLC 由 STOP 模式切换到 RUN 或 RUN-P 模式。

⑦ 用菜单命令 Variable|Monitor 或 Variable|Modify 激活监视或修改功能。

⑧ 如需停止监视、修改,可通过 PLC|Diconnnect 实现。

## 3.4.4　交叉参考表的使用及应用实例

交叉参考表给出了 S7 用户程序中使用的地址的情况,在调试程序时,可以通过交叉参考表浏览程序中使用地址的情况和基本信息,可以帮助编程人员调试程序。

交叉参考表的使用也相对比较简便,具体操作步骤如下所述。

① 如果没有生成参考数据的话,可以先生成参考数据,具体操作如图 3 – 26 所示。

图 3 - 26  选择参考数据生成功能

如果事先已经生成参考数据,那么就可以直接执行步骤②即可。

② 显示参考数据(如图 3 - 27 所示),选择交叉参考表(如图 3 - 28 所示)。

图 3 - 27  选择参考数据显示功能

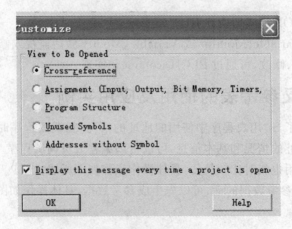

图 3 - 28  选择交叉参考表

③ 显示交叉参考表的各项内容(如图 3-29 所示)。

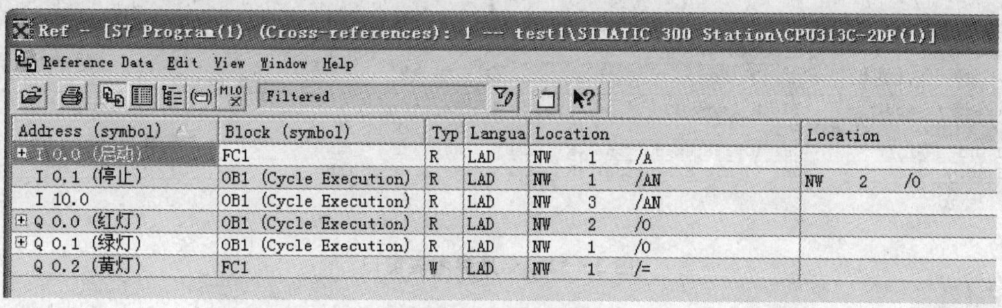

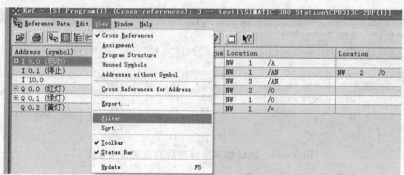

图 3-29　显示交叉参考表的内容

④ 交叉参考表其他功能的使用。

第一:过滤器和分类功能。可以有选择地浏览编程人员感兴趣的内容。通过图 3-30 菜单的设置可以实现过滤器和分类的设置。如果单击过滤器功能弹出图 3-31。图 3-31 选择了浏览输入地址,单击"确定"后,弹出如图 3-32 所示的对话框。从图 3-32 中可以看出,交叉参考表中显示的地址全部位输入类型,其他不需要的类型被屏蔽。同理可以执行分类操作,如图 3-33 所示,选择地址按降序排列。执行后,弹出如图 3-34 所示的对话框。从图 3-34 可以看出,地址排列按照降序排列。

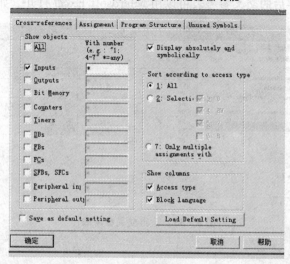

图 3-30　交叉参考表的过滤器功能

图 3-31　过滤器的设置

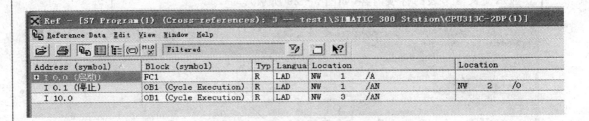

图 3-32　交叉参考表窗口

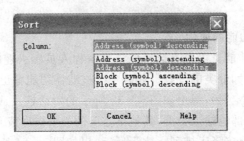

图 3-33　设置交叉参考信息排列方式

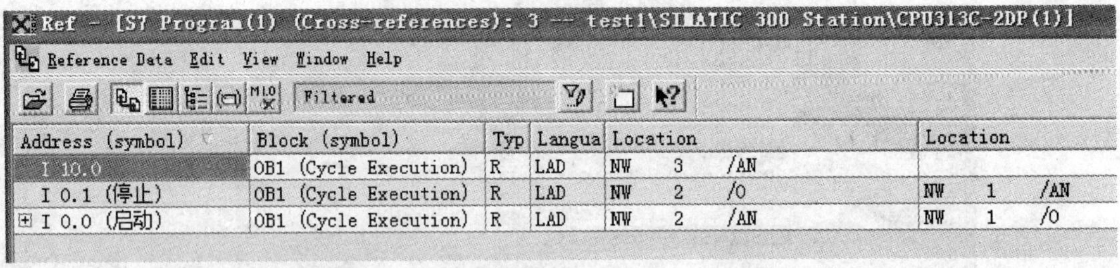

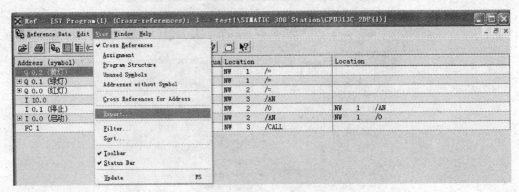

图 3-34　地址按降序排列后的交叉参考表

　　第二：保存交叉参考表的功能。如图 3-35 和图 3-36 所示。将交叉参考表以"地址信息"的文件名保存，保存后的交叉参考表可以用 Microsoft Excel 打开。如图 3-37 所示。

图 3-35　输出交叉参考表

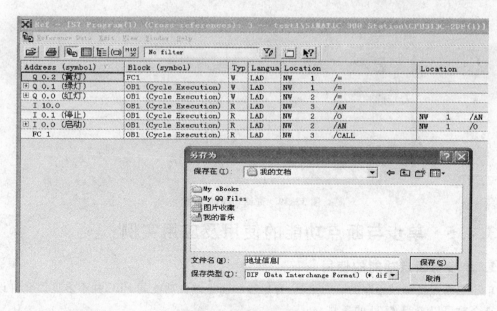

图 3 – 36　保存交叉参考表

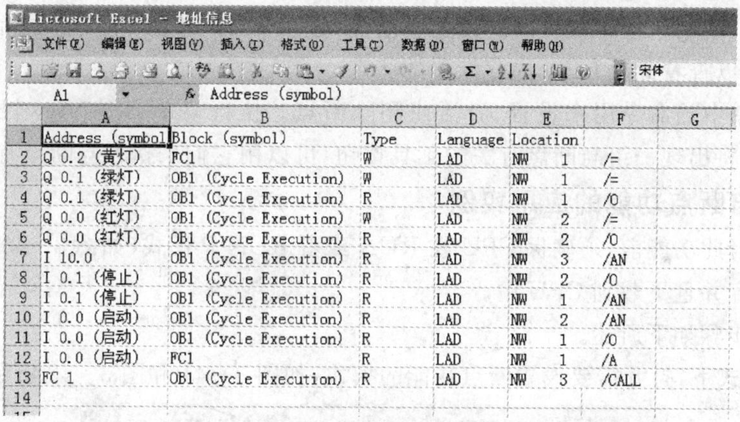

图 3 – 37　交叉参考表在 Excel 下打开

**第三：查询功能**

如果交叉参考表比较庞大时，需要查找某个地址的使用情况时，可以采用此功能，如图 3 – 38 所示。当执行查询 Q0.0 功能时，在交叉参考表上 Q0.0 地址被选中。如图 3 – 39 所示。

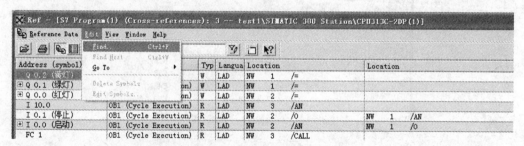

图 3 – 38　交叉参考表的查询功能

47

图 3-39　查询功能的设置

## 3.4.5　单步与断点功能的使用及应用实例

### 1. 单步与断点功能的使用

单步与断点是调试程序的有力工具,有单步和断点调试功能的 PLC 并不多见。允许设置的断点个数可以查阅 CPU 的资料。

单步与断点功能在程序编辑器中设置与执行。单步模式不是连续执行指令,而是一次只执行一条指令。在用户程序中可以设置多个断点,进入 RUN 或 RUN-P 模式后,将停留在第一个断点处,可以查看此时 CPU 内存储器的状态。

Debug 菜单中的命令用来设置、激活或删除断点。执行菜单命令 View|Breakpoint Bar后,在工具条中将出现一组与断点有关的工具按钮,可以用它们来执行与断点有关的命令。

### 2. 单步与断点功能的应用实例

在开始执行此功能前,须确保 CPU 在 RUN 或者 RUN-P 模式(如图 3-40 所示),设置断点的模块被储存并且下载到 CPU 中。

具体操作步骤如下所述。

① 在线模式下,打开需要设置断点功能的模块(如图 3-41 和图 3-42 所示)。

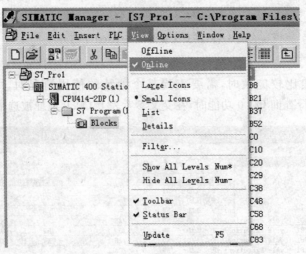

图 3-40　设置 PLC 在线

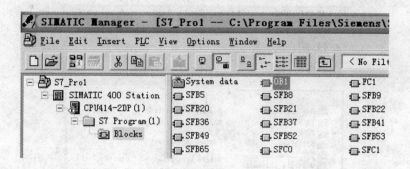

图 3 - 41　打开 OBI 块

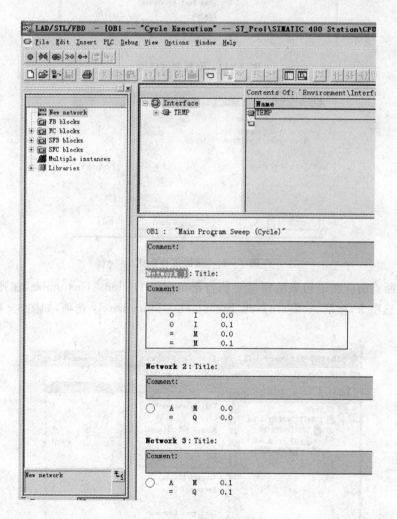

图 3 - 42　OBI 块内容

② 设置测试环境(如图 3 - 43 所示),将 CPU 工作模式设置为 Test Operation(如图 3 - 44 所示)。

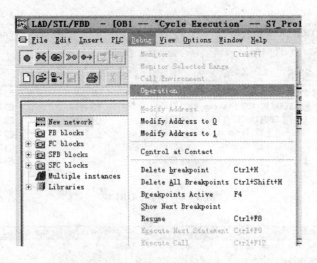

图 3-43　设置测试环境

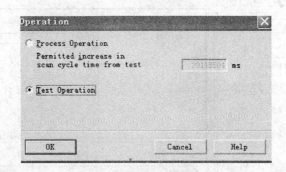

图 3-44　选择工作模式

③ 设置断点前应在语句表编辑器中执行菜单命令 Options|Customize,在弹出的对话框中选择 STL 选项卡,激活 Activate New Breakpoints Immediately 选项,如图 3-45 和图 3-46 所示。

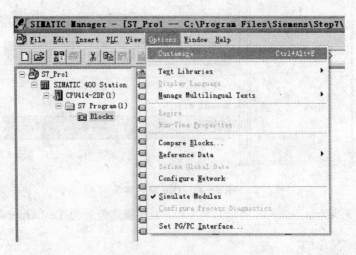

图 3-45　Customize 菜单项

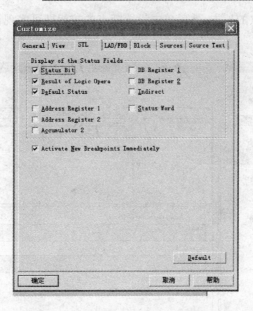

图 3 - 46　设置 Customize 对话框

④ 利用图 3 - 43 所示的方法显示设置断点功能栏（如图 3 - 47 所示）。

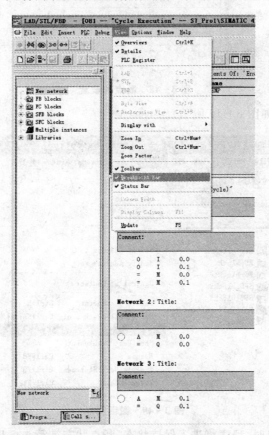

图 3 - 47　设置断点功能

⑤ 单击需要设置断点的地方,然后单击设置断点的按钮即可实现设置断点功能(如图 3－48 所示)。

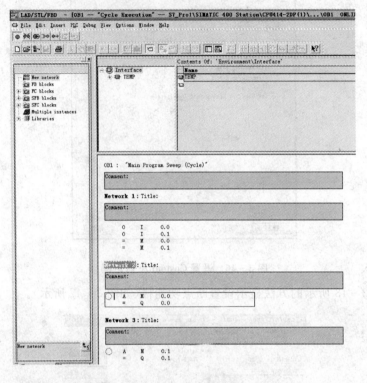

图 3－48　断点的设置

⑥ 激活断点功能(如图 3－49 所示)。

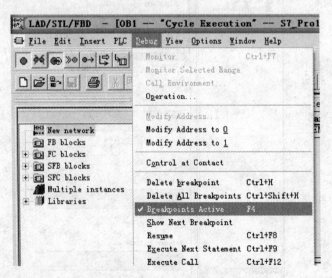

图 3－49　激活断点

⑦ 当程序遇到断点时,程序将进入保持状态,断点状态被箭头标识。在保持模式下,可以查看 CPU 内的寄存器的状态,如图 3－50 和图 3－51 所示。

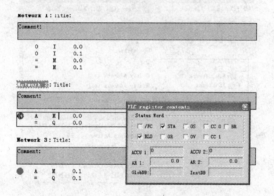

图 3 - 50　查看 PLC 内寄存器状态

图 3 - 51　PLC 寄存器状态输出

⑧ 如果程序需要继续运行,可以通过图 3 - 52 和图 3 - 53 所示的方法来操作。

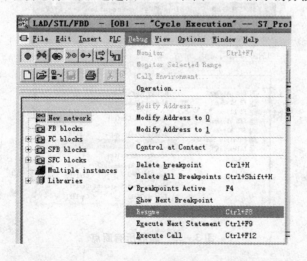

图 3 - 52　利用 Resume 菜单项继续运行程序

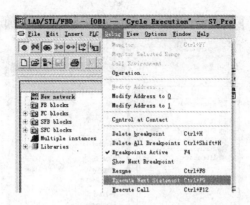

**图 3-53  利用 Execute Next Statement 菜单项继续运行程序**

⑨ 如果程序调试结束,或者不需要某些断点,可以通过图 3-54 和图 3-55 所示的方法来删除断点。

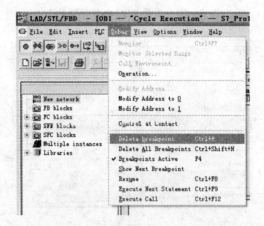

**图 3-54  删除某个断点**

**图 3-55  删除所有断点**

## 3.4.6　S7 – PLCSIM 仿真软件的使用及应用实例

### 1. S7 – PLCSIM 仿真软件的使用

S7 – PLCSIM 用仿真 PLC 来模拟实际 PLC 的运行,用户程序的调试是通过视图对象 (View Objects)来进行的。S7 – PLCSIM 提供了多种视图对象,用它们可以实现对仿真 PLC 内的各变量、计数器和定时器的监视与修改。

具体操作步骤如下所述。

① 打开 SIMATIC 管理器,在 STEP 7 编程软件中生成项目,编写用户程序。

② 单击 SIMATIC|STEP 7 中的仿真软件 S7 – PLCSIM Simulating Modules,打开仿真软件。

③ 设置仿真器,将编写好的用户程序及硬件配置下载到仿真器中,并建立 CPU 与仿真器的在线连接。

④ 操作仿真器开始仿真,可以通过执行菜单命令 Insert|Input variables,创建输入 IB 字节的视图对象。用类似的方法生成输出字节 QB、位存储器 M、定时器 T 和计数器 C 的输入对象。

⑤ 用视图对象来模拟实际 PLC 的输入/输出信号,用它来产生 PLC 的输入信号,通过它来观察 PLC 的输出信号和内部元件的变化情况,检查下载的用户程序的执行是否能得到正确的结果。

⑥ 退出仿真软件时,可以保存仿真时生成的 LAY 文件及 PLC 文件,以便于下次仿真时直接使用本次的各种设置。

### 2. S7 – PLCSIM 仿真软件的应用实例

具体操作步骤如下所述。

① 编写用户程序,如图 3 – 56 所示。

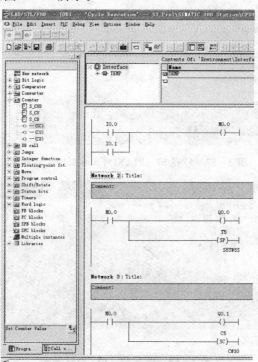

图 3 – 56　用户程序编写窗口

② 打开 S7 – PLCSIM Simulating Modules，进入仿真环境，如图 3 – 57 和图 3 – 58 所示。

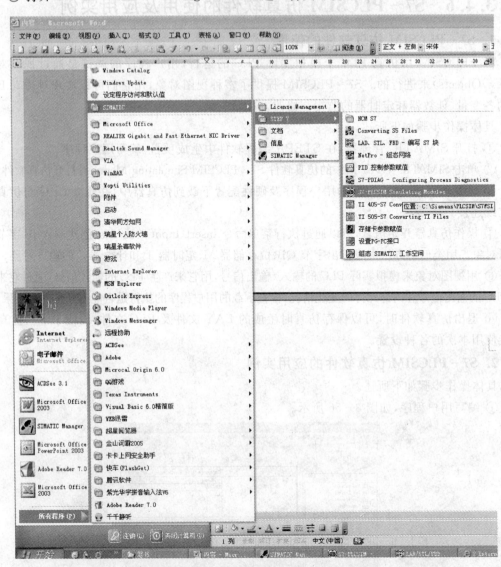

图 3 – 57　打开 S7 – PLCSIM Simulating Modules

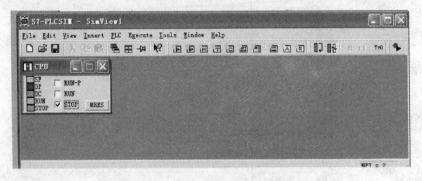

图 3 – 58　进入 S7 – PLCSIM 画面

③ 设置仿真器,将程序下载到仿真器中,并建立在线连接,如图 3-59～图 3-61 所示。

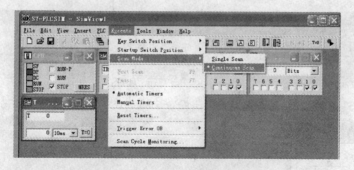

**图 3-59　设置 Excute 功能菜单**

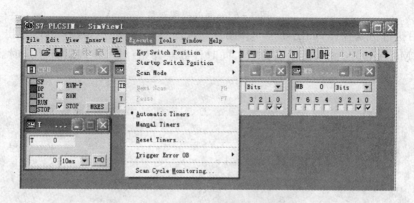

**图 3-60　设置 PLC 功能菜单**

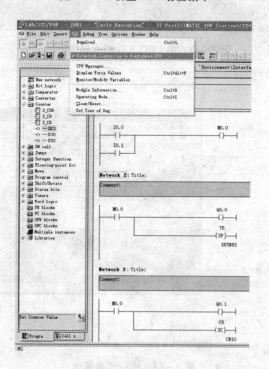

**图 3-61　将程序下载并建立在线连接**

④ 插入所需的视图对象,如图 3-62 所示。

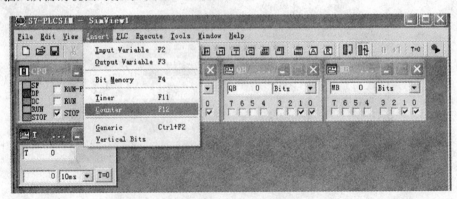

图 3-62　插入视图对象

⑤ 开始执行仿真操作,如图 3-63 和图 3-64 所示。从图 3-64 中可以看出,当 I0.0 输入为"1"时,M0.0、Q0.0、Q0.1 输出为"1",同时计数器开始计数,定时器开始定时。

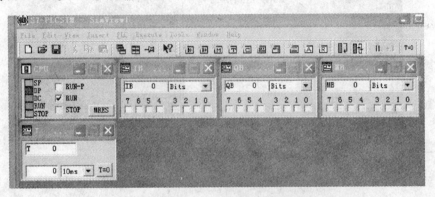

图 3-63　将 CPU 工作模式调试 RUN

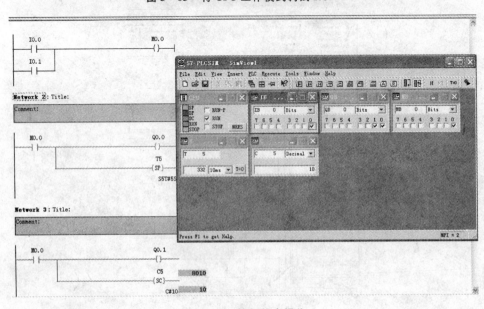

图 3-64　执行仿真操作

⑥ 保存仿真结果,如图 3-65 和图 3-66 所示。

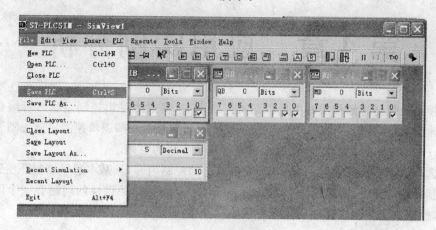

**图 3-65　保存 PLC**

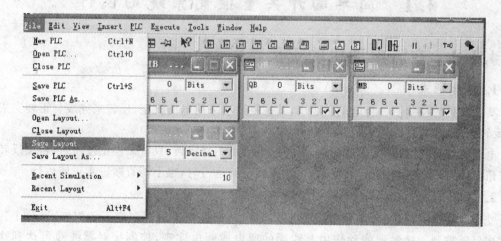

**图 3-66　保存 LAY 文件**

# 第4章 应用实例分析

可编程序控制器开始推出时主要以逻辑控制为主,基本的逻辑控制是学习可编程序控制器程序设计的基础,任何一个 PLC 程序或多或少的都要包括一些逻辑控制部分。随着科学技术的发展,PLC 的功能不断增强,在各个领域得到了广泛的应用。

本章选择了一些有代表性的实例,实例中节选的控制内容,从基本逻辑控制开始到逻辑加功能性控制介绍给读者,希望通过对例程的学习,举一反三,对关键性的问题有一个清晰的编程思路,这样才能使编写的程序功能完善,以满足控制要求。

## 4.1 简单的开关量控制系统的设计

### 4.1.1 交流电动机的正反转控制

#### 1. 控制要求

某送料机的控制由一台电动机驱动,其往复运动采用电动机正、反转来完成。正转完成送料,反转完成取料,由操作工控制。

电动机在正转运行时,按反转启动按钮,电动机不能反转,只有按停止按钮后,再按反转启动按钮,电动机才能反转运行。同理,电动机在反转运行时,也不能直接进入正转运行。

#### 2. 解决思路

交流电动机的正、反转主要用两个接触器完成,即一个接触器完成正转控制,另一个接触器完成反转控制。接触器的动作由其线圈的通电或断电实现,控制接触器线圈可达到这一目的。

利用典型的自保持控制电路的原理,采用输出触点互锁的方法即可完成控制。为了防止启动按钮使用中出现的问题,可利用上沿微分解决。

#### 3. 硬件设计

**(1) I/O 分配**

I/O 分配如表 4-1 所列。

表 4-1 交流电动机正、反转控制 PLC 的 I/O 分配及作用

| 输入地址 | 作 用 | 输出地址 | 作 用 |
| --- | --- | --- | --- |
| I0.0 | 正转启动(SB1) | Q0.0 | 正转控制(KM1) |
| I0.1 | 反转启动(SB2) | Q0.1 | 反转控制(KM2) |
| I0.2 | 停止(SB3) | | |

**（2）接线原理图**

接线原理图如图 4-1 所示。

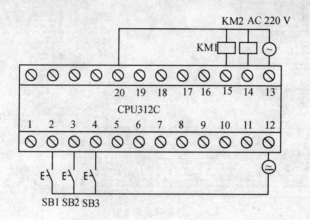

图 4-1　交流电动机正、反转 PLC 控制接线原理图

## 4. 硬件配置及其设置步骤

图 4-2 为硬件配置及其设置步骤。

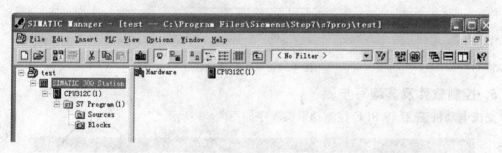

(a) 单击SIMATIC 300 station

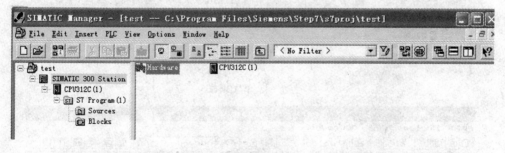

(b) 单击Hardware

图 4-2　硬件配置

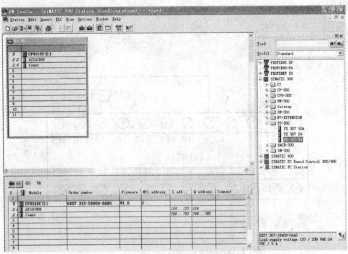

(c) 硬件配置界面

(d) 机架配置

**图 4-2 硬件配置(续)**

## 5. 控制软件及其编写步骤

交流电动机正、反转 PLC 控制梯形图程序如图 4-3 所示。

(a) 单位 Blocks

(b) 单位 OB1

**图 4-3 交流电动机正、反转 PLC 控制程序**

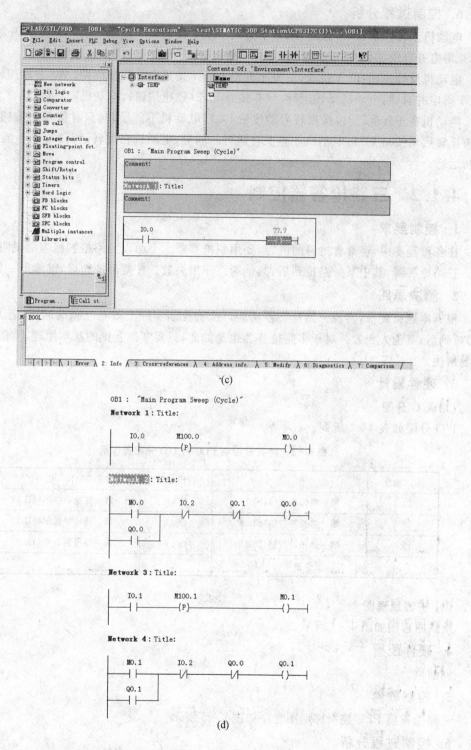

图 4 − 3　交流电动机正、反转 PLC 控制程序( 续)

### 6. 控制过程分析

电动机正转控制：I0.0 接通，取其上升沿 M0.0 接通一个扫描周期，M0.0 常开触点闭合，Q0.0 得电并自锁，电动机正转运行，只有接通 I0.2（停止按钮），电动机停止运行。

电动机反转控制：I0.1 接通，取其上升沿 M0.1 接通一个扫描周期，M0.1 常开触点闭合，Q0.1 得电并自锁，电动机反转运行，只有接通 I0.2（停止按钮），电动机停止运行。

电动机在正转运行时，按反转启动按钮 I0.1，电动机不能反转，只有按停止按钮 I0.2 后，再按反转启动按钮 I0.1，电动机才能反转运行。同理，电动机在反转运行时，也不能直接进入正转运行。

## 4.1.2 三路抢答器控制

### 1. 控制要求

在各种竞赛中，经常有抢答的内容，要用到抢答器。下面以三路抢答器为例说明其控制要求。三路抢答器，其中某一路抢到后，其他两路作用失效。按复位按钮后，继续下一轮抢答。

### 2. 解决思路

根据本题目要求，实现三路抢答器功能。抢答控制实际上就是互锁的问题，若某一人（一路）抢到后，其他人无效。对于多路抢答器也是如此，只要掌握互锁的基本原理，类似的问题很容易解决。

### 3. 硬件设计

**(1) I/O 分配**

I/O 分配如表 4-2 所列。

表 4-2　抢答器控制 PLC 的 I/O 分配及作用

| 输入地址 | 作　　用 | 输出地址 | 作　　用 |
|---|---|---|---|
| I0.1 | 第一路抢答按钮（SB1） | Q0.0 | 第一路抢答指示（HL1） |
| I0.2 | 第二路抢答按钮（SB2） | Q0.1 | 第二路抢答指示（HL2） |
| I0.3 | 第三路抢答按钮（SB3） | Q0.2 | 第三路抢答指示（HL3） |
| I0.4 | 复位按钮（SB4） | | |

**(2) 接线原理图**

接线原理图如图 4-4 所示。

### 4. 硬件配置

同前例。

### 5. 控制软件

三路抢答器 PLC 控制梯形图程序如图 4-5 所示。

### 6. 控制过程分析

I0.1 先接通，Q0.0 得电并自锁，其他两路由于串联 Q0.0 的常闭触点，Q0.0 得电其常闭触点打开，故其他两路被 Q0.0 封锁，抢答无效。同理，其他两路任一路抢到后，封锁另外两路。只有按复位按钮 I0.4，方可进行下一轮抢答。

AC 220 V
HL3 HL2 HL1
20 19 18 17 16 15 14 13
CPU 312 C
1 2 3 4 5 6 7 8 9 10 11 12
SB1 SB2 SB3 SB4

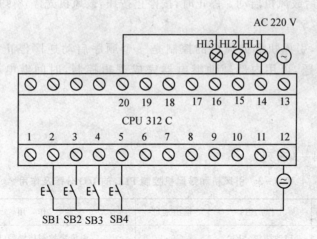

图 4－4　三路抢答器 PLC 控制接线原理图

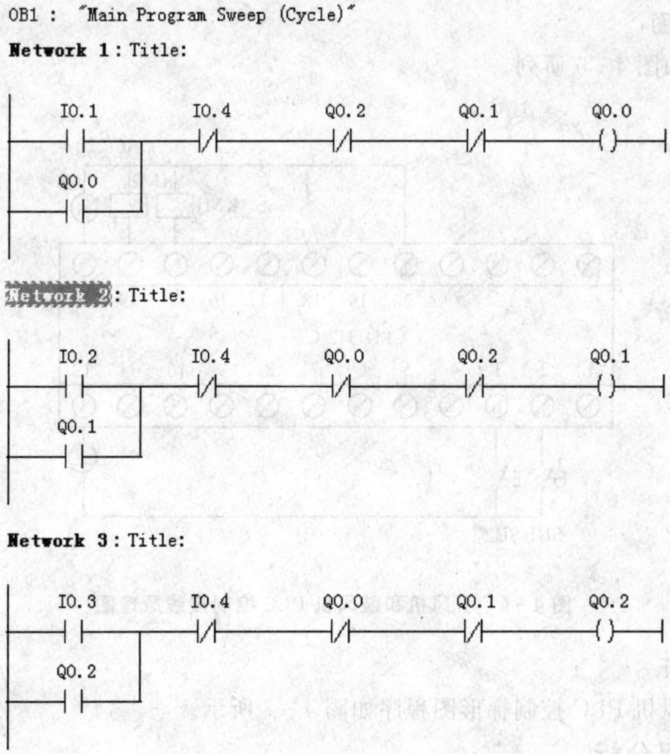

OB1 : "Main Program Sweep (Cycle)"
Network 1 : Title:
I0.1 I0.4 Q0.2 Q0.1 Q0.0
Q0.0
Network 2 : Title:
I0.2 I0.4 Q0.0 Q0.2 Q0.1
Q0.1
Network 3 : Title:
I0.3 I0.4 Q0.0 Q0.1 Q0.2
Q0.2

图 4－5　三路抢答器 PLC 控制程序

## 4.1.3　锅炉引风机和鼓风机的控制

### 1. 控制要求

锅炉燃料的燃烧需要充分的氧气，引风机和鼓风机为锅炉燃料的燃烧提供氧气。首先引风机启动,延时 8 s 后鼓风机启动。停止时,按停止按钮,鼓风机先停,8 s 后引风机停。

**2. 解决思路**

根据控制要求,引风机和鼓风机的控制是一个顺序启动逆序停止的控制。设计软件时特别注意顺序问题,可用内部辅助继电器完成逻辑控制,时间继电器使用完毕后及时复位。

**3. 硬件设计**

**(1) I/O 分配**

I/O 分配如表 4-3 所列。

表 4-3 引风机和鼓风机控制 PLC 的 I/O 分配及作用

| 输入地址 | 作 用 | 输出地址 | 作 用 |
|---|---|---|---|
| I0.0 | 启动按钮(SB1) | Q0.0 | 引风机控制接触器(KM1) |
| I0.1 | 停止按钮(SB2) | Q0.1 | 鼓风机控制接触器(KM2) |

**(2)接线原理图**

接线原理图如图 4-6 所列。

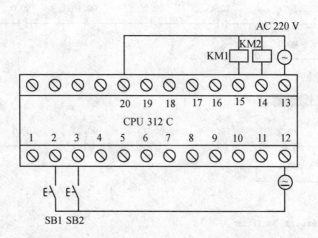

图 4-6 引风机和鼓风机 PLC 控制接线原理图

**4. 控制软件**

引风机和鼓风机 PLC 控制梯形图程序如图 4-7 所示。

**5. 控制过程分析**

按启动按钮 I0.0,Q0.0 得电并自锁,引风机启动。同时,T37 开始计时,8 s 后 T37 触点闭合,Q0.1 得电并自锁,鼓风机启动,Q0.1 常闭触点断开,T37 复位。

按停止按钮 I0.1,Q0.1(鼓风机)断电停止,同时 M0.0 得电并自锁,T38 开始计时,8 s 后 T38 常闭触点打开,Q0.0(引风机)断电停止,即刻 T38 复位。

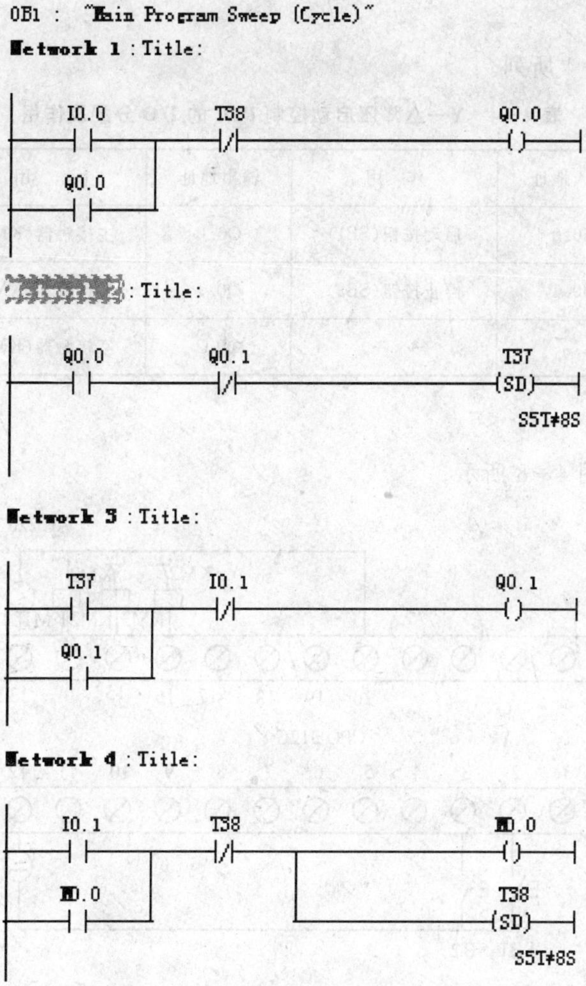

OB1 : "Main Program Sweep (Cycle)"
Network 1 : Title:

```
      I0.0              T38                    Q0.0
  ├────┤ ├──────────────┤/├────────────────────( )──┤
  │                                                  
  │    Q0.0                                          
  ├────┤ ├──┤                                        
```

Network 2 : Title:

```
      Q0.0              Q0.1                    T37
  ├────┤ ├──────────────┤/├───────────────────(SD)──┤
                                              S5T#8S
```

Network 3 : Title:

```
      T37               I0.1                    Q0.1
  ├────┤ ├──────────────┤/├────────────────────( )──┤
  │                                                  
  │    Q0.1                                          
  ├────┤ ├──┤                                        
```

Network 4 : Title:

```
      I0.1              T38                    M0.0
  ├────┤ ├──────────────┤/├───────────────────( )──┤
  │                                                  
  │    M0.0                                  T38     
  ├────┤ ├──────────────────────────────────(SD)──┤
                                             S5T#8S
```

图 4 - 7   引风机和鼓风机 PLC 控制程序

## 4.1.4   交流电动机 Y—△启动控制

### 1. 控制要求

对于较大功率的交流电动机,启动时可采用 Y—△降压启动。电动机开始启动时为 Y 形连接,延时一定时间后,自动切换到△形连接运行。Y—△转换用两个接触器切换完成,由 PLC 输出点控制。

### 2. 解决思路

交流电动机 Y—△降压启动控制,基本上就是顺序控制。在实际使用时,由于 PLC 的执行速度快,外部交流接触器动作速度慢,因此在外电路必须考虑互锁,防止发生瞬间短路事故。

### 3. 硬件设计

**(1) I/O 分配**

I/O 分配如表 4-4 所列。

表 4-4 Y—△降压启动控制 PLC 的 I/O 分配及作用

| 输入地址 | 作　　用 | 输出地址 | 作　　用 |
|---|---|---|---|
| I0.0 | 启动按钮（SB1） | Q0.0 | 主接触器（KM1） |
| I0.1 | 停止按钮（SB2） | Q0.1 | Y 接触器（KM2） |
|  |  | Q0.2 | △接触器（KM3） |

**(2) 接线原理图**

接线原理图,如图 4-8 所示。

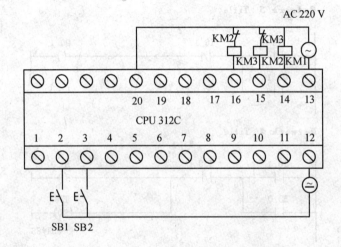

图 4-8　Y—△降压启动 PLC 控制接线原理图

### 4. 硬件配置

同前例。

### 5. 控制软件

Y—△降压启动 PLC 控制梯形图程序如图 4-9 所列。

### 6. 控制过程分析

按启动按钮 I0.0 后,Q0.0 和 Q0.1 得电并自锁,主接触器和 Y 接触器吸合,电动机 Y 接启动,同时,T37 得电延时,5 s 后 Y 接触器断电,△接触器吸合,电动机△接运行。按停止按钮 I0.1 使电动机停止运行。

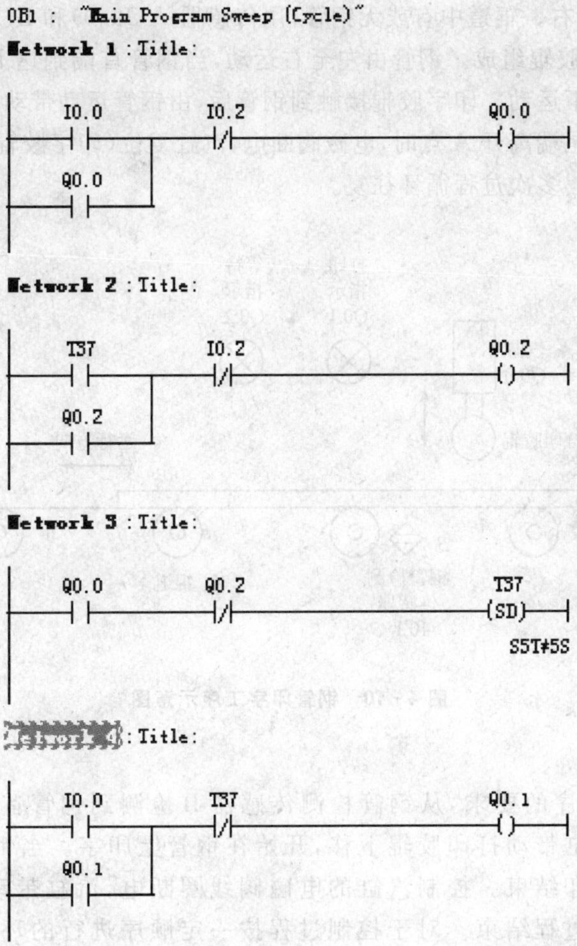

OB1 : "Main Program Sweep (Cycle)"

Network 1 : Title:

```
      I0.0         I0.2                          Q0.0
  ├────┤ ├────┬────┤/├──────────────────────────( )───┤
  │           │
      Q0.0    │
  ├────┤ ├────┘
```

Network 2 : Title:

```
      T37          I0.2                          Q0.2
  ├────┤ ├────┬────┤/├──────────────────────────( )───┤
  │           │
      Q0.2    │
  ├────┤ ├────┘
```

Network 3 : Title:

```
      Q0.0         Q0.2                          T37
  ├────┤ ├─────────┤/├──────────────────────────(SD)───┤
                                                S5T#5S
```

Network 4 : Title:

```
      I0.0         T37                           Q0.1
  ├────┤ ├────┬────┤/├──────────────────────────( )───┤
  │           │
      Q0.1    │
  ├────┤ ├────┘
```

图 4-9　Y—△降压启动 PLC 控制程序

# 4.2　复杂的开关量控制系统的设计

对于较为复杂的开关量控制系统的设计,尤其是控制过程按照一定的顺序进行操作的开关量控制系统,建议初学者使用顺序功能图的方法编写梯形图。这样,既可以保证程序具有清晰的条理性和可读性,又能提高程序的调试效率,方便检错。对于使用西门子 S7-300/400 系列 PLC 的工程来讲,如果具有专业版的 S7 GRAPH 软件,那么就可以直接将顺序功能图下载至 PLC CPU,使用非常方便。

## 4.2.1　钢管印字工序的控制

### 1. 控制要求

在钢管生产过程中,镀锌和检验工序完成后进入印字工序。印字工序的主要工作是在钢管上印制规格、标准和生产厂的信息,基本结构如图 4-10 所示。工作过程是:钢管通过辊道传送,运动方向由左至右。辊道中有或无钢管,用传感器 A(I0.0)和 B(I0.1)检测。印字机构由汽缸(Q0.0)和印字胶辊组成。钢管由左至右运动,当钢管首端到达 B 点时,通过电磁阀控制汽缸使印字胶辊向下运动。印字胶辊接触到钢管后,由钢管运动带动印字胶辊转动,将信息印在钢管上。当钢管尾端离开 A 点时,电磁阀断电,汽缸复位(印字胶辊抬起)并计数一次,此时完成一次印字过程。多次过程循环往复。

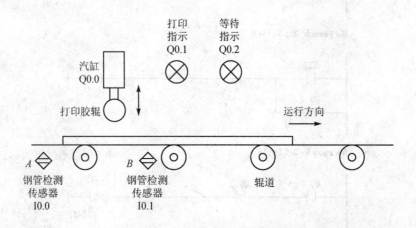

图 4-10  钢管印字工序示意图

## 2. 解决思路

根据钢管印字工序的要求,从钢管检测传感器 B 检测到钢管首端开始,控制汽缸的电磁阀线圈得电,汽缸带动打印胶辊下移,开始在钢管上印字。当钢管检测传感器 A 检测到钢管尾端时,打印结束。控制汽缸的电磁阀线圈断电,汽缸带动打印胶辊上移回到原始位置,整个控制过程结束。对于控制过程按一定顺序进行的环节,利用顺序控制设计方法比较简单。

## 3. 硬件设计

### (1) I/O 分配

I/O 分配如表 4-5 所列。

表 4-5  钢管印字控制 PLC 的 I/O 分配及作用

| 输入地址 | 作 用 | 输出地址 | 作 用 |
| --- | --- | --- | --- |
| I0.0 | 钢管尾端检测(K1) | Q0.0 | 电磁阀(汽缸)(YV1) |
| I0.1 | 钢管首端检测(K2) | Q0.1 | 打印指示(HL1) |
| I0.2 | 计数器复位(K3) | Q0.2 | 等待指示(HL2) |

### (2) 接线原理图

接线原理图如图 4-11 所示。

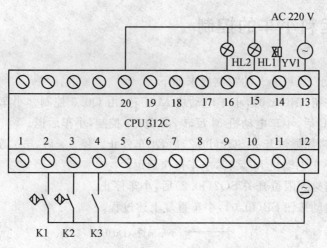

**图 4 - 11　钢管印字 PLC 控制接线原理图**

### 4. 硬件配置

同前例。

### 5. 控制软件

钢管印字 PLC 控制梯形图程序如图 4 - 12 所示。

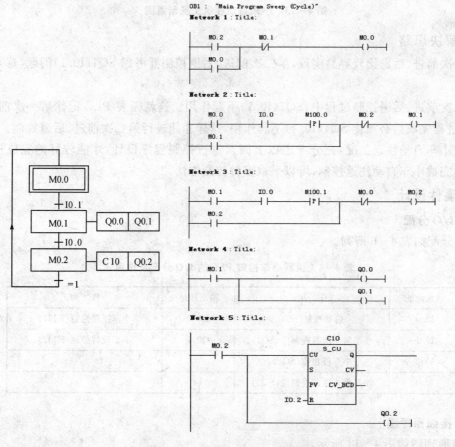

**图 4 - 12　钢管印字 PLC 控制程序**

## 4.2.2 运料小车的控制

### 1. 控制要求

如图 4 - 13 所示,运料小车的控制要求如下:

① 按下启动按钮 SB(I0.0),小车电动机 M 正转,由 Q0.0 控制。小车第一次前进,碰到限位开关 SQ1(I0.1)后,小车电动机 M 反转,由 Q0.1 控制,小车后退。

② 小车后退,碰到限位开关 SQ2(I0.2)后,小车停止。停 5 s 后,第二次前进,碰到限位开关 SQ3(I0.3)后,小车电动机 M 反转,小车再次后退。

③ 第二次后退碰到限位开关 SQ2(I0.2)后,小车停止。

④ 再次按下启动按钮 SB(I0.0),小车重复上述过程。

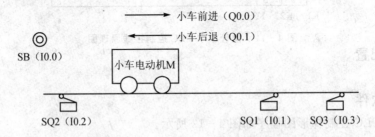

图 4 - 13 小车自动往返工况示意图

### 2. 解决思路

第一次前进、后退比较容易实现,第二次前进、后退控制要考虑 SQ1(I0.1)问题,这是控制的关键。

第二次前进、后退控制过程中,SQ1(I0.1)不起作用。这就需要 PLC 记住第一次前进、后退,这一过程完成后必须让 SQ1(I0.1)不起作用,这样才能进行第二次前进、后退控制。

按照小车自动往返工况,充分考虑以上因素进行控制程序设计,才能较好的完成控制任务。当然完成小车自动往返控制,可以采取多种控制方法。

### 3. 硬件设计

**(1) I/O 分配**

I/O 分配如表 4 - 6 所列。

表 4 - 6 运料小车控制 PLC 的 I/O 分配及作用

| 输入地址 | 作 用 | 输出地址 | 作 用 |
| --- | --- | --- | --- |
| I0.0 | 启动按钮(SB) | Q0.0 | 小车正转控制(KM1) |
| I0.1 | 小车第一次前进到位(SQ1) | Q0.1 | 小车反转控制(KM2) |
| I0.2 | 小车停止位(SQ2) | | |
| I0.3 | 小车第二次前进到位(SQ3) | | |

**(2) 接线原理图**

接线原理图如图 4 - 14 所示。

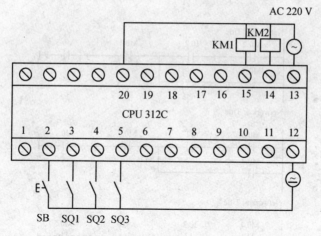

图 4 - 14 运料小车 PLC 控制接线原理图

## 4. 控制软件

运料小车 PLC 控制软件如图 4 - 15 所示。

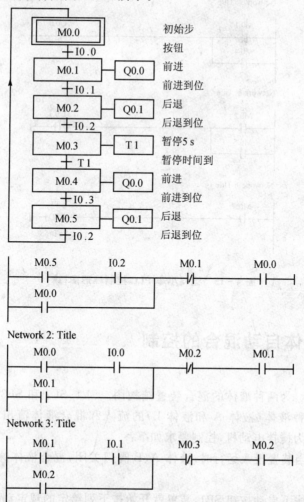

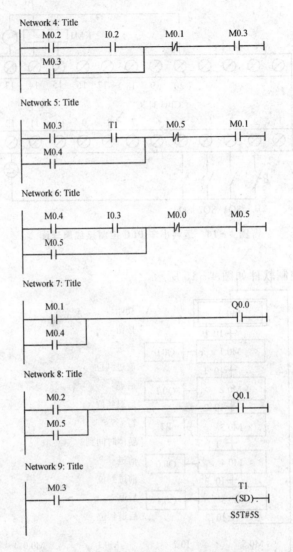

图 4-15　运料小车 PLC 控制梯形图(续)

## 4.2.3　液体自动混合的控制

### 1. 控制要求

如图 4-16 所示,为两种液体的混合装置结构图。SL1、SL2 和 SL3 为液面传感器,液面淹没时触点接通,两种液体(液体 A 和液体 B)的流入和混合液体流出分别由电磁阀 YV1、YV2、YV3 控制,M 为搅拌电动机,控制要求如下:

① 初始状态。当装置投入运行时,液体 A、B 阀门关闭,混合液体阀门打开 20 s,将容器内液体放空后关闭。

② 启动操作。按下启动按钮 SB1,装置就开始按下列给定的规定动作工作。液体 A 阀门打开,液体 A 流入容器。当液面到达 SL2 时,SL2 触点接通,关闭液体 A 阀门,同时打开 B 阀

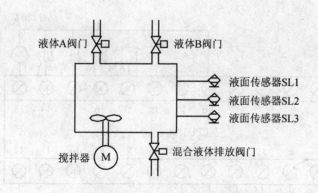

图 4 - 16　液体混合装置结构图

门。当液面到达 SL1 时,SL1 触点接通,关闭液体 B 阀门,此时搅拌电动机工作,1 min 后停止,混合液体阀门打开,开始放出混合液体。当液面下降到 SL3 时,SL3 触点由接通变为断开,再经过 20 s 后,容器放空,关闭混合液体阀门,开始下一周期操作。

③ 停止操作。按下停止按钮 SB2 后,在当前的混合操作处理完毕后,才停止操作,即停在初始状态上。

## 2. 解决思路

液体自动混合从控制要求上可以看出,这是顺序控制。主要考虑停止操作,即按下停止按钮 SB2 后,在当前的混合操作处理完毕后,才停止操作,即停在初始状态上。就是说按下停止按钮不能立即停止,若立即停止在工艺上是不允许的,会出现事故。因此停止按钮的作用就是停止循环。

## 3. 硬件设计

### (1) I/O 分配

I/O 分配如表 4 - 7 所列。

表 4 - 7　液体自动混合控制 PLC 的 I/O 分配及作用

| 输入地址 | 作　　用 | 输出地址 | 作　　用 |
|---|---|---|---|
| I0.0 | 液面传感器(SL1) | Q0.0 | 液体 A 电磁阀(YV1) |
| I0.1 | 液面传感器(SL2) | Q0.1 | 液体 B 电磁阀(YV2) |
| I0.2 | 液面传感器(SL3) | Q0.2 | 混合液体电磁阀(YV3) |
| I0.4 | 启动按钮(SB1) | Q0.3 | 搅拌电动机接触器(KM) |
| I0.5 | 停止按钮(SB2) | | |

### (2)接线原理图

接线原理图如图 4 - 17 所示。

## 4. 控制软件

液体自动混合 PLC 控制软件如图 4 - 18 所示。

75

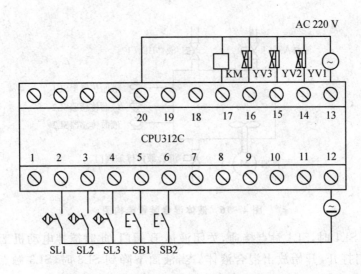

**图4-17 液体自动混合PLC控制接线原理图**

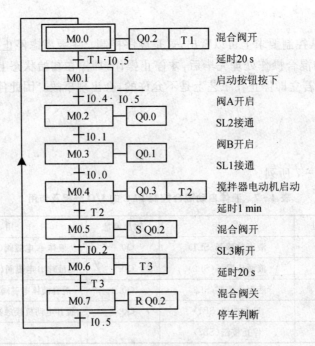

| | | | |
|---|---|---|---|
| M0.0 | Q0.2 | T1 | 混合阀开 |
| T1·I0.5 | | | 延时20 s |
| M0.1 | | | 启动按钮按下 |
| I0.4·I0.5 | | | 阀A开启 |
| M0.2 | Q0.0 | | SL2接通 |
| I0.1 | | | 阀B开启 |
| M0.3 | Q0.1 | | SL1接通 |
| I0.0 | | | 搅拌器电动机启动 |
| M0.4 | Q0.3 | T2 | 延时1 min |
| T2 | | | 混合阀开 |
| M0.5 | S Q0.2 | | SL3断开 |
| I0.2 | | | 延时20 s |
| M0.6 | T3 | | 混合阀关 |
| T3 | | | 停车判断 |
| M0.7 | R Q0.2 | | |
| I0.5 | | | |

**图4-18 液体自动混合PLC控制梯形图**

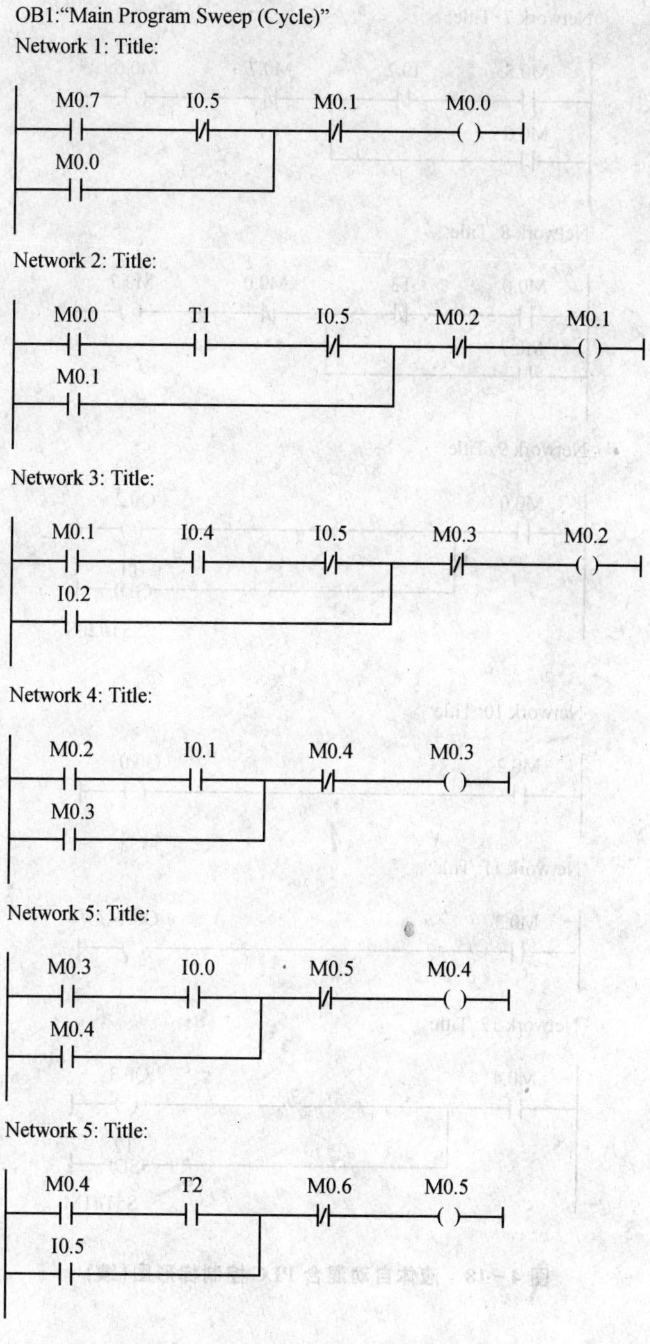

OB1:"Main Program Sweep (Cycle)"
Network 1: Title:

```
   M0.7      I0.5       M0.1       M0.0
 ──┤├──────┤/├─────┬──┤/├──────( )──
   M0.0             │
 ──┤├───────────────┘
```

Network 2: Title:

```
   M0.0      T1       I0.5       M0.2       M0.1
 ──┤├──────┤/├──────┤/├──────┤/├──────( )──
   M0.1                  │
 ──┤├──────────────────────┘
```

Network 3: Title:

```
   M0.1      I0.4      I0.5       M0.3       M0.2
 ──┤├──────┤├──────┤/├──────┬──┤/├──────( )──
   I0.2                        │
 ──┤├────────────────────────┘
```

Network 4: Title:

```
   M0.2      I0.1       M0.4       M0.3
 ──┤├──────┤├──────┬──┤/├──────( )──
   M0.3             │
 ──┤├───────────────┘
```

Network 5: Title:

```
   M0.3      I0.0       M0.5       M0.4
 ──┤├──────┤/├──────┬──┤/├──────( )──
   M0.4             │
 ──┤├───────────────┘
```

Network 5: Title:

```
   M0.4      T2        M0.6       M0.5
 ──┤├──────┤├──────┬──┤/├──────( )──
   I0.5             │
 ──┤├───────────────┘
```

图 4-18　液体自动混合 PLC 控制梯形图(续)

Network 7: Title:

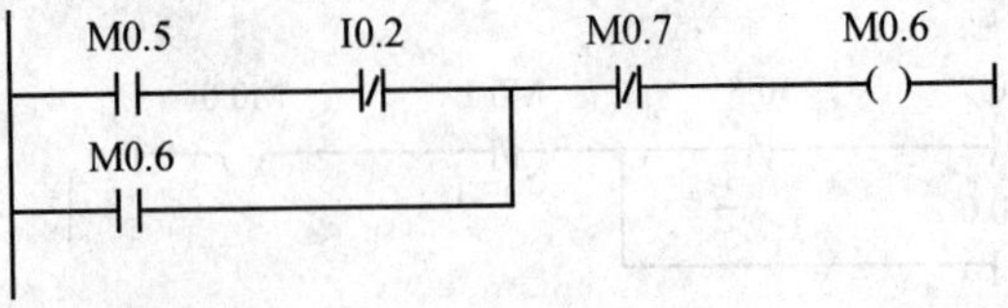

```
  M0.5      I0.2       M0.7       M0.6
──┤ ├──────┤/├────┬────┤/├────────( )──
  M0.6              │
──┤ ├──────────────┘
```

Network 8: Title:

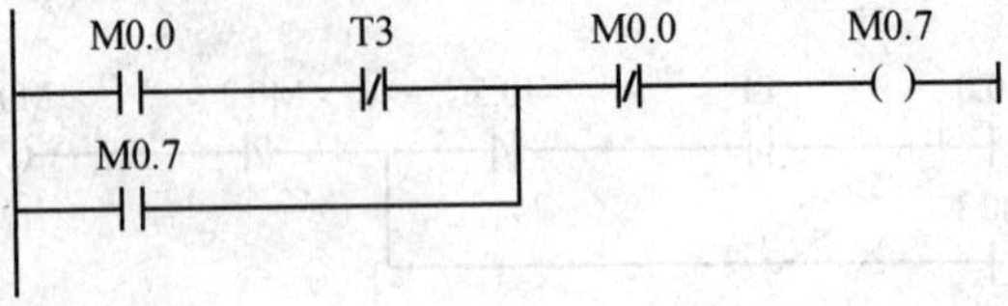

```
  M0.0       T3        M0.0       M0.7
──┤ ├──────┤/├────┬────┤/├────────( )──
  M0.7              │
──┤ ├──────────────┘
```

Network 9: Title:

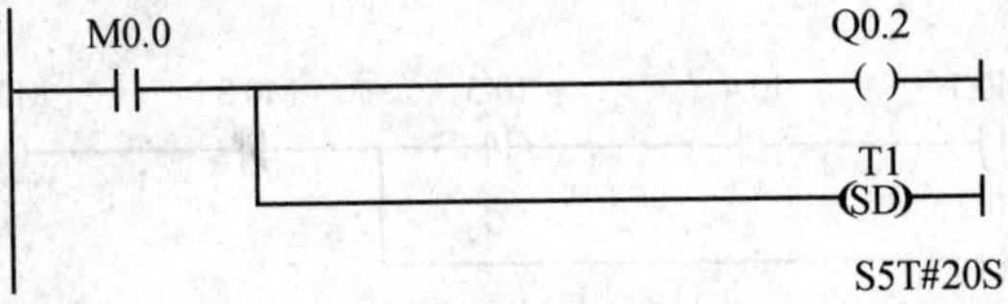

```
  M0.0                             Q0.2
──┤ ├────────┬────────────────────( )──
             │                     T1
             └────────────────────(SD)──
                                 S5T#20S
```

Network 10: Title:

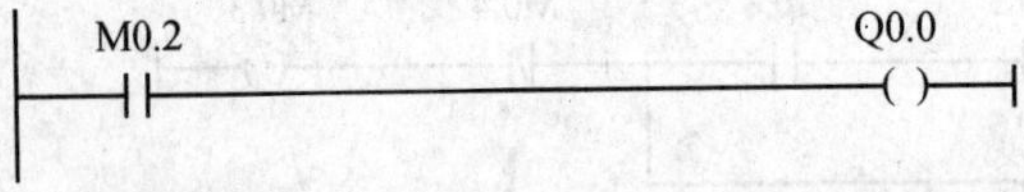

```
  M0.2                             Q0.0
──┤ ├─────────────────────────────( )──
```

Network 11: Title:

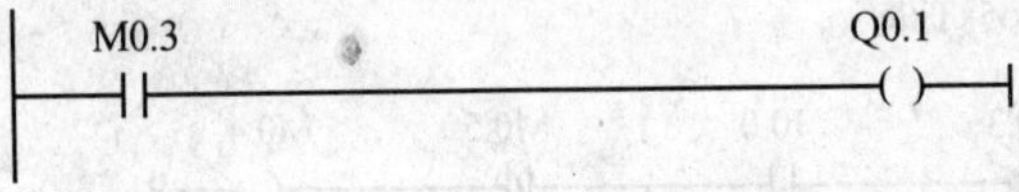

```
  M0.3                             Q0.1
──┤ ├─────────────────────────────( )──
```

Network 12: Title:

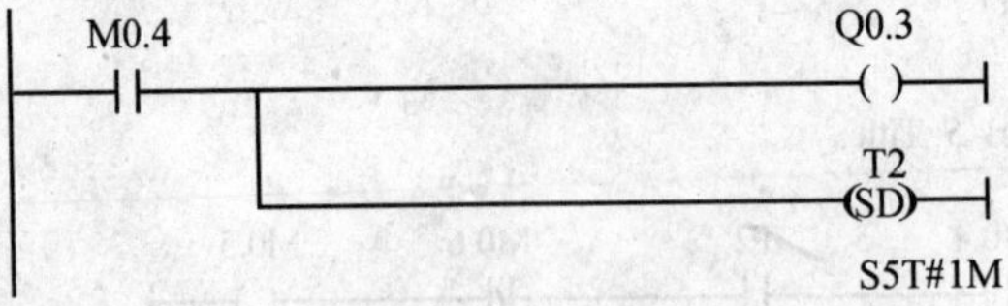

```
  M0.4                             Q0.3
──┤ ├────────┬────────────────────( )──
             │                     T2
             └────────────────────(SD)──
                                  S5T#1M
```

图 4-18  液体自动混合 PLC 控制梯形图(续)

Network 13: Title:

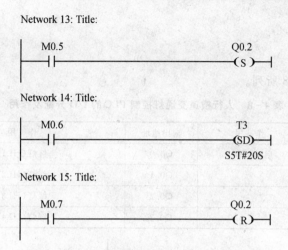

Network 14: Title:

Network 15: Title:

图 4-18　液体自动混合 PLC 控制梯形图(续)

## 4.2.4　人行道交通灯程序设计

### 1. 控制要求

本实例只考虑人行横道线交通灯的控制程序设计。

某人行横道两端设有红、绿各两盏信号灯,如图 4-19 所示。平时红灯亮,路边设有按钮,行人要过马路时按此按钮。按动按钮 4 s 后红灯灭,绿灯亮;绿灯亮 30 s 后,闪 4 次(0.5 s 亮,0.5 s 灭)灭,红灯亮。再有人按按钮后重复上述过程。

从按下按钮后到下一次红灯亮之前,这一段时间内,按钮不起作用。

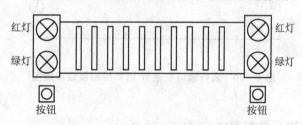

图 4-19　人行横道交通灯示意图

### 2. 解决思路

只考虑人行横道交通灯的控制程序设计。对于主干道只有为红灯时,才能允许进行人行横道线交通灯的控制。

控制程序是一个顺序控制。首先程序开始运行,不按任何按钮,此时红灯亮。当有人需要过马路时,按动按钮 4 s 后红灯灭,绿灯亮 30 s,此时行人可以通过人行横道过马路,可以用时间继电器来完成这个功能。绿灯亮 30 s 后,闪 4 次(0.5 s 亮,0.5 s 灭)灭,红灯亮。可以用 CPU 的时钟存储器(假设此地址为 M50.0)完成闪 4 次,这样比较简单。闪 4 次用计数器来完成,到 4 次后计数器复位同时启动红灯亮,完成这一过程。若再有人需要过马路,则重复上述过程。

从按下按钮后到下一次红灯亮之前,这一段时间内,按钮不起作用。需要记忆整个过程,完成后再释放。

### 3. 硬件设计

**(1) I/O 分配**

I/O 分配如表 4 - 8 所列。

表 4 - 8　人行横道交通灯控制 PLC 的 I/O 分配及作用

| 输入地址 | 作　用 | 输出地址 | 作　用 |
|---|---|---|---|
| I0.0 | 启动(SB1) | Q0.0 | 红灯(HL1) |
| | | Q0.1 | 红灯(HL2) |
| | | Q0.2 | 绿灯(HL3) |
| | | Q0.3 | 绿灯(HL4) |

**(2) 接线原理图**

接线原理图如图 4 - 20 所示。

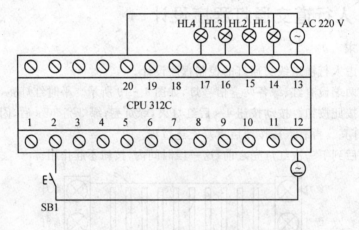

图 4 - 20　人行横道交通灯 PLC 控制接线原理图

### 4. 控制软件

人行横道交通灯 PLC 控制程序,如图 4 - 21 所示。

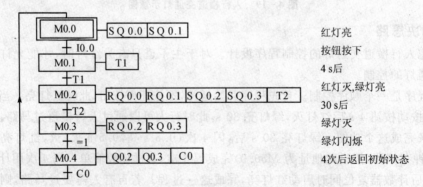

图 4 - 21　人行横道交通灯 PLC 控制梯形图

```
      M0.4        C0         M0.1        M0.0
      ┤├─────────┤├────┬─────┤/├────────( )
      M0.0                 │
      ┤├──────────────────┤
      I0.7        M100.0    │
      ┤├─────────( P )──────┘
```

Network 2: Title:

```
      M0.0        I0.0       M0.2        M0.1
      ┤├─────────┤├────┬─────┤/├────────( )
      M0.1             │
      ┤├──────────────┤
```

Network 3: Title:

```
      M0.1        T1         M0.3        M0.2
      ┤├─────────┤├────┬─────┤/├────────( )
      M0.2             │
      ┤├──────────────┤
```

Network 4: Title:

```
      M0.2        T2         M0.4        M0.3
      ┤├─────────┤├────┬─────┤/├────────( )
      M0.3             │
      ┤├──────────────┤
```

Network 5: Title:

```
      M0.3        M0.0                   M0.4
      ┤├────┬─────┤/├──────────────────( )
      M0.4  │
      ┤├────┘
```

Network 6: Title:

```
      M0.0                              Q0.0
      ┤├──────────────────────┬────────( S )
                              │  Q0.1
                              └────────( S )
```

图 4-21  人行横道交通灯 PLC 控制梯形图(续)

Network 7: Title:

```
      M0.1                                        T1
   ───┤├──────────────────────────────────────(SD)──┤
                                               S5T#4S
```

Network 8: Title:

```
      M0.2                                        Q0.0
   ───┤├────────┬─────────────────────────────( R )──┤
                │                                 Q0.1
                ├─────────────────────────────( R )──┤
                │                                 Q0.2
                ├─────────────────────────────( S )──┤
                │                                 Q0.3
                ├─────────────────────────────( S )──┤
                │                                 T2
                └─────────────────────────────(SD)──┤
                                               S5T#30S
```

Network 9: Title:

```
      M0.3                                        Q0.2
   ───┤├────────┬─────────────────────────────( R )──┤
                │                                 Q0.3
                └─────────────────────────────( R )──┤
```

Network 10: Title:

```
      M0.4     M50.0                              Q0.2
   ───┤├──────┤├──────┬───────────────────────( )──┤
                      │                           Q0.3
                      ├───────────────────────( )──┤
                      │                  C0
                      │              ┌─────────────┐
                      │              │   S_CD      │
                      └──────────────┤CD        Q  │
                              I0.0 ──┤S        CV  │
                              C#4  ──┤PV   CV_BCD  │
                                     ┤R            │
                                     └─────────────┘
```

图 4-21　人行横道交通灯 PLC 控制梯形图（续）

# 4.3　具有子程序控制系统的设计

## 1. 控制要求

本例不考虑电动机的速度控制，以简化程序设计难度。

### (1) 吊钩升降控制

吊钩是通过电动机拖动钢丝完成升降动作的，电动机的正反向运转决定吊钩的动作方向，在运转中需要考虑钢丝的极限范围。

**（2）小车前后运行控制**

起重机运载小车的前后运动也是通过电动机驱动的，在动作过程中，不允许超出起重机的两侧极限位置。

**（3）起重机左右运行控制**

起重机左右运行由拖动电动机带动整个车体在轨道上左右运动，其运动范围应该控制在轨道离两个尽头一定距离处，以确保设备不会脱离轨道。

**（4）声光指示控制**

起重机处于运动过程状态时，要给出铃声和警告；在运转到对应的极限位置时，在驾驶室给出指示灯显示。

**2. 解决思路**

桥式起重机的控制比较简单，主要是实现对 3 台拖动电动机的正反转控制。其控制实现的逻辑可以采用传统的互锁控制，考虑到实际的起重机控制中不是控制按钮，而是多向转换开关，同时快速换向的情况较多，所以在程序实现上要求对这些细节充分考虑，采取对应的实现手段。

通过上述分析，利用通用的电动机控制程序，增加位置控制逻辑的处理，就可以实现对桥式起重机的控制。同时，为了使程序结构更加清晰，分别对吊钩升降控制、小车前后运行控制、起重机左右运行控制、声光指示控制四个功能分别编写子程序。编写子程序时既可以用 FC 块，也可以用 FB 块，二者的主要区别仅在于 FB 具有背景数据块，能将一些程序计算参数据保存下来，而 FC 块没有背景数据块，其程序运算过程中的参数在程序运行完毕后，自动消失，这一点需要值得大家注意。为了使读者更加清晰地了解 STEP 7 的块使用方法，本程序对前两个功能采用 FC 块编写，对后两个功能采用 FB 块编写。

**3. 硬件设计**

**（1）I/O 分配**

I/O 分配如表 4-9 所列。

表 4-9　桥式起重机控制 PLC 的 I/O 分配及作用

| 输入地址 | 作　用 | 输出地址 | 作　用 |
|---|---|---|---|
| I0.0 | 电源控制（K1） | Q0.0 | 上升控制（KM1） |
| I0.1 | 吊钩上升（K2） | Q0.1 | 下降控制（KM2） |
| I0.2 | 吊钩下降（K3） | Q0.2 | 前进控制（KM3） |
| I0.3 | 横梁（大车）前进（K4） | Q0.3 | 后退控制（KM4） |
| I0.4 | 横梁（大车）后退（K5） | Q0.4 | 左行控制（KM5） |
| I0.5 | 小车左行（K6） | Q0.5 | 右行控制（KM6） |
| I0.6 | 小车右行（K7） | Q0.6 | 极限位置指示（HL） |
| I1.0 | 上升极限（SQ1） | Q0.7 | 警铃（HA） |
| I1.1 | 下降极限（SQ2） | Q1.0 | 电源控制（KM7） |
| I1.2 | 前进极限（SQ3） | | |
| I1.3 | 后退极限（SQ4） | | |
| I1.4 | 左行极限（SQ5） | | |
| I1.5 | 右行极限（SQ6） | | |

83

**(2) 硬件组态**

硬件组态如图 4-22 所示。

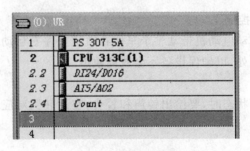

**图 4-22　硬件组态图**

### 4. 控制软件及其编写步骤

桥式起重机 PLC 控制程序,以编写 FC1 和 FB1 为例,其他块编写方法与其类似。FCI 的操作步骤如图 4-23 所示。FBI 的操作步骤如图 4-24 所示。符号表的操作步骤如图 4-25 所示。格式起重机 PLC 控制梯形图如图 4-26 所示。

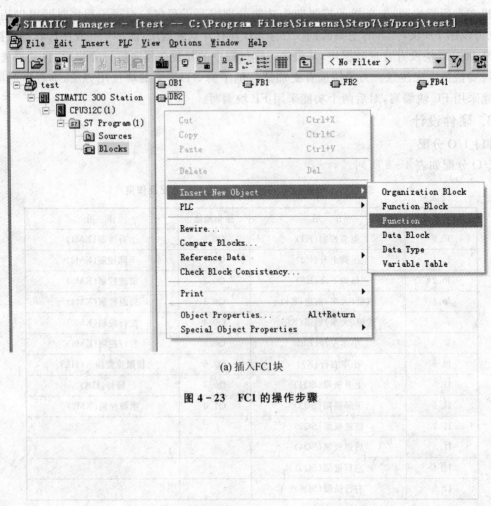

(a) 插入FC1块

**图 4-23　FC1 的操作步骤**

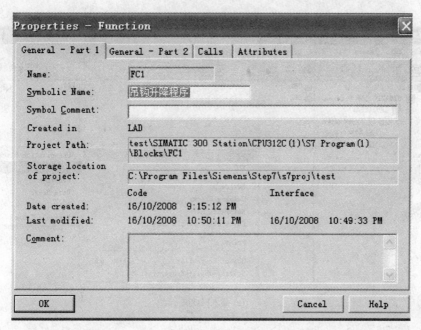

(b) 输入FC1的相关信息

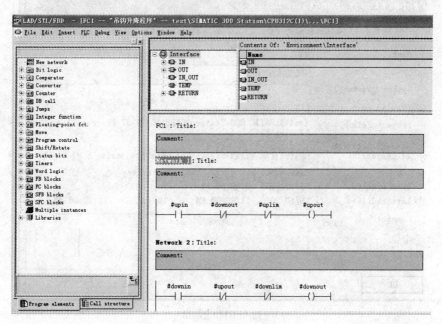

(c) FC1编程界面

图 4-23  FC1 的操作步骤(续)

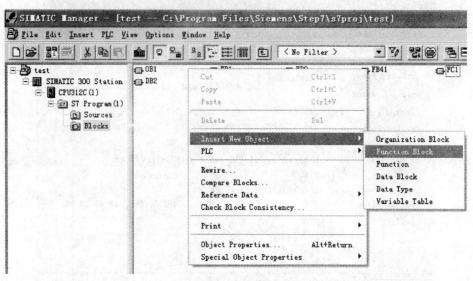

(a) 插入FB1块

(b) 输入FB1相关信息

图 4 - 24　FB1 的操作步骤

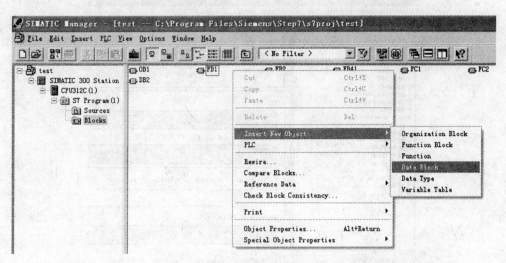

(c) 插入DB1块

(d) 输入DB1块的相关信息

**图 4 - 24　FB1 的操作步骤(续)**

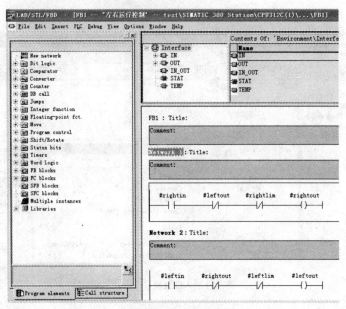

(e) 进入FB1的编程界面

**图 4-24  FB1 的操作步骤(续)**

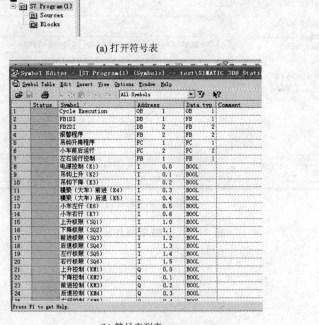

(a) 打开符号表

(b) 符号表列表

**图 4-25  符号表的操作步骤**

OB1 : "Main Program Sweep (Cycle)"
Network 1 : Title:

```
      I0.0                                        Q1.0
   ┤ ├                                          ( )
```

**Network 2** : Title:

```
   Q1.0          ┌──────────────────────┐
   ┤ ├           │          FC1         │
                 │ EN               ENO │
                 │                      │
          I0.1 ──┤ upin          upout ├── Q0.0
                 │                      │
          I0.2 ──┤ downin      downout ├── Q0.1
                 │                      │
          I1.0 ──┤ uplim                │
                 │                      │
          I1.1 ──┤ downlim              │
                 └──────────────────────┘
```

**Network 3** : Title:

```
   Q1.0          ┌──────────────────────┐
   ┤ ├           │          FC2         │
                 │ EN               ENO │
                 │                      │
          I0.3 ──┤ frontin    frontout ├── Q0.2
                 │                      │
          I0.4 ──┤ backin      backout ├── Q0.3
                 │                      │
          I1.2 ──┤ frontlim             │
                 │                      │
          I1.3 ──┤ backlim              │
                 └──────────────────────┘
```

**Network 4** : Title:

```
                         DB1
   Q1.0          ┌──────────────────────┐
   ┤ ├           │          FB1         │
                 │ EN               ENO │
                 │                      │
          I0.5 ──┤ leftin      leftout ├── Q0.4
                 │                      │
          I0.6 ──┤ rightin    rightout ├── Q0.5
                 │                      │
          I1.4 ──┤ leftlim              │
                 │                      │
          I1.5 ──┤ rightlim             │
                 └──────────────────────┘
```

图 4 - 26  桥式起重机 PLC 控制梯形图

89

**Network 5**：Title：

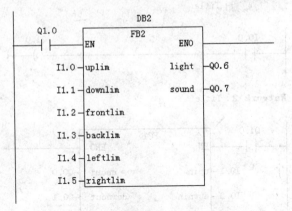

(a) 主程序

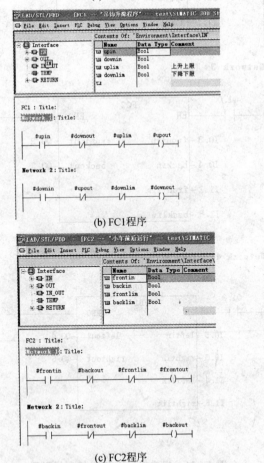

(b) FC1程序

(c) FC2程序

**图 4-26　桥式起重机 PLC 控制梯形图(续)**

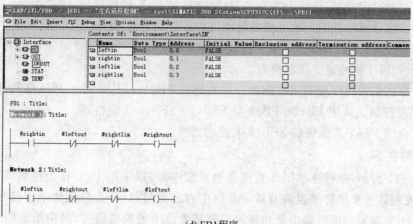

(d) FB1程序

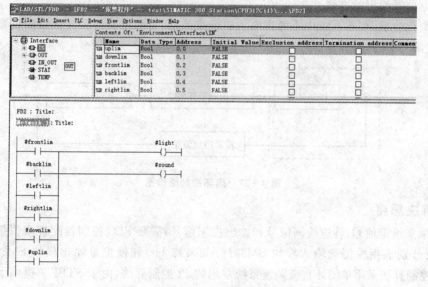

91

(e) FB2程序

**图 4 - 26　桥式起重机 PLC 控制梯形图(续)**

## 5. 控制过程分析

总电源由 I0.0 控制,通过 Q1.0 控制接触器,实现对电源的控制。吊钩的升降、横梁(大车)的前进和后退及小车的左行右行的控制,利用控制交流电动机正反转并加入互锁来实现,通过内部继电器实现逻辑关系并进行输出控制,这是程序设计中常用的方法,希望读者理解并掌握。由于没有考虑交流电机的启动调速问题和门禁开关等问题,程序比较简单,这里就不在赘述。在实际应用中每一个细节都要考虑周全,保证系统安全可靠运行。

# 4.4　具有模拟量的控制系统设计

在设计具有模拟量控制的系统时,S7 - 300 提供了多种方法。

第一种方法是采用硬件模块。如 S7 - 300 的 FM355 为智能化的四路通用闭环控制模块,可以用于化工和过程控制,模块上带有 A/D 转换器和 D/A 转换器。

第二种方法是闭环控制用的系统功能块。如系统功能块 SFB41~SFB43 用于 CPU 31xC 的闭环控制。SFB 41"CONT_C"用于连续控制,SFB 42"CONT_S"用于步进控制,SFB 43 "PULSEGEN"用于脉冲宽度调制控制。

第三种方法采用闭环控制用功能块。如功能块 FB41~FB43 用于 PID 控制,FB58、FB59 用于 PID 温度控制。其中 FB41~FB43 与 SFB41~SFB43 功能相同。

本节仅介绍 STEP 7 提供的 SFB41 的使用方法。

### 1. 控制要求

如图 4-27 所示,在转速单闭环直流调速系统中,可以采用 PLC 作为控制器,在 PLC 编写数字 PI 控制算法来代替模拟调节器。系统中有三路模拟信号,分别为给定信号输入,PLC 控制电力电子变换器的模拟输出量和转速检测装置输出的模拟信号,其中给定信号输入可以采用模拟电位器给定的方式。

为了简化分析,在本系统中不考虑电力电子变换器、直流电动机和转速检测装置的具体工作原理,仅编写 PI 控制算法。

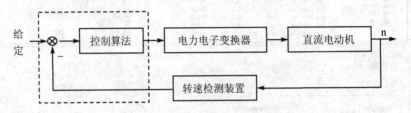

**图 4-27 闭环控制原理图**

### 2. 解决思路

为了采集给定信号、转速检测信号和输出控制信号,需要 PLC 控制器配有模拟量输入和输出模块,故分别选用模拟量输入模块 SM331(AI2×12 bit)和模拟量输出模块 SM332(AO2× 12 bit)。控制算法采用单闭环直流调速系统常用的 PI 控制算法,由于 STEP 7 提供了 PID 功能块,因此设计具有 PI 控制器的闭环系统并不十分困难。但是,在设计系统的过程中,需要编程人员熟悉 PID 功能块输入参数的具体含义,并根据实际要求设置这些参数。

SFB41 为连续控制 PID 控制算法,其输入参数的具体含义如表 4-10 和表 4-11 所列。

**表 4-10 SFB41 的输入参数设置**

| 参数名称 | 数据类型 | 地址 | 说　明 | 默认值 |
|---|---|---|---|---|
| COM_RST | BOOL | 0.0 | 完全重新启动,为 1 时执行初始化程序 | FALSE |
| CYCLE | TIME | 2 | 采样时间,两次块调用之间的时间,取值范围≥20 ms | T#1s |
| SP_INT | REAL | 6 | 内部设定值输入,取值范围为百分数 | 0.0 |
| PV_IN | REAL | 10 | 过程变量输入 | 0.0 |
| PVPER_ON | BOOL | 0.2 | 使用外围设备输入的过程变量 | FALSE |
| PV_PER | WORD | 14 | 外部设备输入的 I/O 格式的过程变量值 | 16#00000 |
| PV_FAC | REAL | 48 | 输入过程变量的系数 | 1.0 |
| PV_OFF | REAL | 52 | 输入过程变量的偏移量 | 0.0 |

| 参数名称 | 数据类型 | 地　址 | 说　　明 | 默认值 |
|---|---|---|---|---|
| DEADB_W | REAL | 36 | 死区宽度,误差变量死区带的矮小 | 0.0 |
| GAIN | REAL | 20 | 增益输入 | 2.0 |
| TI | TIME | 24 | 积分时间输入 | T#20s |
| TD | TIME | 28 | 微分时间输入 | T#10s |
| TM_LAG | TIME | 32 | 微分操作的延迟时间输入 | T#2s |
| P_SEL | BOOL | 0.3 | 比例操作的选择 | TRUE |
| I_SEL | BOOL | 0.4 | 积分操作的选择 | TRUE |
| D_SEL | BOOL | 0.7 | 微分操作的选择 | FALSE |
| I_ITLVAL | REAL | 64 | 积分操作的初始值 | 0.0 |
| I_ITL_ON | BOOL | 0.6 | 积分作用的初始化 | FALSE |
| INT_HOLD | BOOL | 0.5 | 积分作用的保持 | FALSE |
| DISV | REAL | 68 | 扰动输入变量 | 0.0 |
| MAN_ON | BOOL | 0.1 | 手/自动切换 | TRUE |
| MAN | REAL | 16 | 手动值输入 | 0.0 |
| LMN_HLM | REAL | 40 | 控制器输出上限值,百分数形式 | 100.0 |
| LMN_LLM | REAL | 44 | 控制器输出下限值,百分数形式 | 0.0 |
| LMN_FAC | REAL | 56 | 控制器输出系数 | 1.0 |
| LMN_OFF | REAL | 60 | 控制器输出的偏移量 | 0.0 |

表 4 - 11　SFB41 的输出参数设置

| 参数名称 | 数据类型 | 地　址 | 说　　明 | 默认值 |
|---|---|---|---|---|
| PV | REAL | 92 | 过程变量输出 | 0.0 |
| ER | REAL | 96 | 死区处理后的误差输出 | 0.0 |
| LMN_P | REAL | 80 | 控制器输出值中的比例分量 | 0.0 |
| LMN_I | REAL | 84 | 控制器输出值中的积分分量 | 0.0 |
| LMN_D | REAL | 88 | 控制器输出值中的微分分量 | 0.0 |
| QLMN_HLM | BOOL | 78.0 | 控制器输出超过上限 | FALSE |
| QLMN_LLM | BOOL | 78.1 | 控制器输出低于下限 | FALSE |
| LMN | REAL | 72 | 浮点格式的控制器输出值 | 0.0 |
| LMN_PER | WORD | 76 | IO 格式的控制器输出 | 16#0000 |

## 3. 硬件设计

### (1) 硬件配置

硬件组态步骤如图 4 - 28 所示。

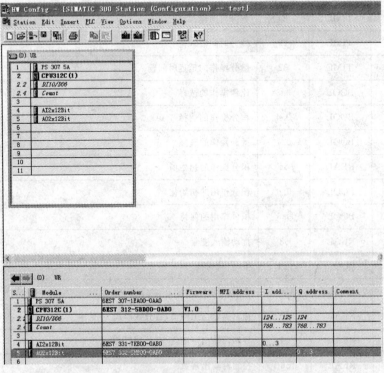

(a) 硬件组态

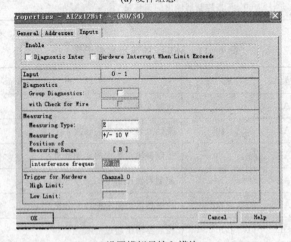

(b) 设置模拟量输入模块

图 4 - 28　硬件组态步骤

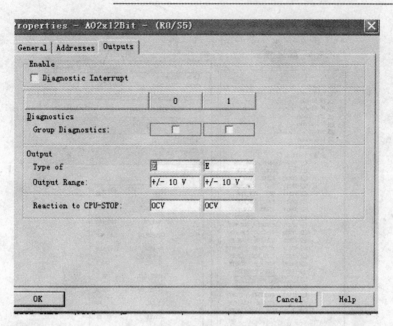

(c) 设置模拟量输出模块

**图 4 - 28　硬件组态步骤(续)**

## (2) I/O 分配

I/O 分配如表 4 - 12 所列。

**表 4 - 12　桥式起重机控制 PLC 的 I/O 分配及作用**

| 输入地址 | 作　用 | 输出地址 | 作　用 |
|---|---|---|---|
| PIW0 | 电位器给定信号 | PQW0 | 控制信号输出 |
| PIW2 | 转速反馈信号 | | |
| I0.0 | 自动/手动切换 | | |
| I0.1 | 系统启动 | | |
| I0.2 | 系统停车 | | |

## 4. 控制软件及其编写步骤

控制程序及编写步骤如图 4 - 29 所示。

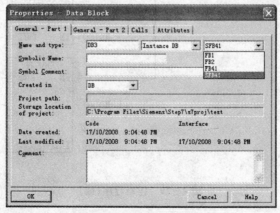

(a) 插入数据块DB3

**图 4 - 29　控制程序**

96

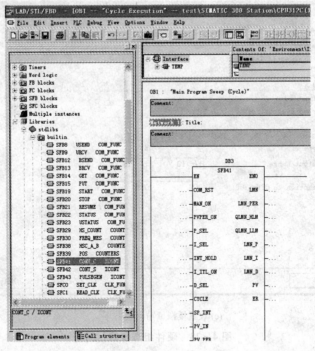

(b) 调用SFB41

OB1："Main Program Sweep (Cycle)"

**Network 1**：Title:

图 4 - 29　控制程序(续)

Network 2: Title:

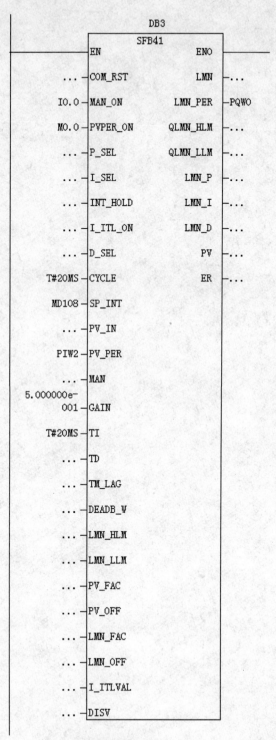

(c) 系统程序图

图 4 - 29　控制程序(续)

# 第二篇　STEP 7 相关的软硬件介绍

# 第5章  S7 - 300 的硬件简介

## 5.1  S7 - 300 的模块

### 5.1.1  S7 - 300 硬件的概况

西门子的 S7 - 300 和 S7 - 400 系列一般采用模块式结构,用搭积木的方式来组成系统,模块式 PLC 由机架和模块组成。本书主要介绍 S7 - 300 PLC。S7 - 300 是模块化的中小型 PLC,如图 5 - 1 所示,适用于中等性能的控制要求。品种繁多的 CPU 模块、信号模块和功能模块能满足各种领域的自动控制任务,用户可以根据系统的具体情况选择合适的模块,维修时更换模块也很方便。当系统规模扩大且更为复杂时,可以增加模块,对 PLC 进行扩展。简单实用的分布式结构和强大的通信联网能力,使其应用十分灵活。

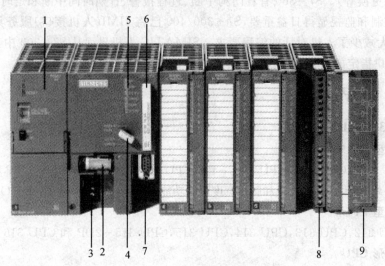

1—电源模块;2—后备电池;3—DC24V 连接器;
4—模式开关;5—状态和故障指示灯;6—存储器卡(CPU313 以上);
7—MPI 多点接口;8—前连接器;9—前盖

**图 5 - 1  S7 - 300 PLC**

S7 - 300 的 CPU 模块(简称 CPU)集成了过程控制功能,用于执行用户程序。每个 CPU 都有一个编程用的 RS 485 接口,有的还带有集成的现场总线 PROFIBUS-DP 接口或 PtP(点对点)串行通信接口,S7 - 300 不需要附加任何硬件、软件和编程,就可以建立一个 MPI(多点接口)网络,如果有 PROFIBUS-DP 接口,可以建立一个 DP 网络。

功能最强的 CPU 的 RAM 存储容量为 512 KB,有 8 192 个存储器位、512 个定时器和 512 个计数器,数字量通道最大为 65 536 点,模拟量通道最大为 4 096 个。由于使用 Flash

EPROM, CPU 断电后无需后备电池也可以长时间保持动态数据, 使 S7－300 成为完全无维护的控制设备。

S7－300/400 有很高的电磁兼容性和抗振动、抗冲击能力。S7－300 标准型的环境温度为 0～60 ℃。环境条件扩展型的温度范围为－25～＋60 ℃, 有更强的耐振动和耐污染性能。

通过系统功能和系统功能块的调用, 用户可以使用集成在操作系统内的程序, 从而显著地减少所需要的用户存储器容量; 还可以用于中断处理、出错处理、复制和处理数据等。

S7－300/400 的编程软件 STEP 7 功能强大, 使用方便。S7－300 有 350 多条指令。

STEP 7 的功能块图和梯形图编程语言符合 IEC61131 标准, 语句表编程语言与标准 IEC 稍有不同, 以保证与 STEP 5 的兼容, 三种编程语言可以相互转换。用转换程序可以将西门子的 STEP 5 或 TISOFT 编写的程序转换到 STEP 7。STEP 7 还有 SCL、GRAPH 和 HiGrahp 等编程语言供用户选购。

计数器的计数范围为 1～999, 定时器的定时范围为 10 ms～9 990 s。可以使用 IEC 标准的定时器和计数器。

STEP 7 通过带标准用户接口的软件工具来为所有的模块设置参数, 可以节省用户入门的时间和培训的费用。

CPU 用智能化的诊断系统连续监控系统的功能是否正常、记录错误和特殊系统事件(例如超时和模块更换等)。S7－300 有看门狗中断、过程报警、日期时间中断和定时中断功能。

操作员控制和监视显得日益重要, S7－300/400 已将 HMI(人机接口)服务集成到操作系统内, 因此大大减少了人机对话的编程要求。SIMATIC 人机界面从 S7－300 中获得数据 S7－300/400 按用户指定的刷新速度自动地传送这些数据。

## 5.1.2　CPU 模块

### 1. S7－300 CPU 的分类

#### (1) 紧凑型 CPU

包括 CPU 312C, CPU 313C, CPU 313C－PtP, CPU 313C－2DP, CPU 314C－PtP 和 CPU 314C－2DP。各 CPU 均有计数、频率测量和脉冲宽度调制功能。个别还带定位功能, 或 I/O 功能。

#### (2) 标准型 CPU

包括 CPU 312, CPU 313, CPU 314, CPU 315, CPU 315－2DP 和 CPU 316－2DP。

#### (3) 户外形 CPU

包括 CPU 312 IFM, CPU 314 IFM, CPU 314 户外形和 CPU 315－2DP。可在恶劣的环境下使用。

#### (4) 高端 CPU

包括 CPU 317－2DP 和 CPU 318－2DP。

#### (5) 故障安全型 CPU

包括 CPU 315F。

### 2. CPU 的功能

#### (1) CPU 执行用户程序

向 S7－300 背板总线提供 5 V 电源。在 MPI 网络中, 通过 MPI(多点接口)与其他 MPI 网络节点进行通信。

**(2) 专用 CPU 的其他特性**

· PROFIBUS 子网上的 DP 主站或 DP 从站。

· 技术功能。

· PtP 通信。

· 通过集成 PROFINET 接口进行以太网通信。

**(3) 不同的模式选择开关**

不同的 CPU,其模式选择开关形状不同。

**(4) CPU 318 - 2 的面板介绍**

S7 - 300 有 20 种不同型号的 CPU,分别适用于不同等级的控制要求。有的模块集成了数字量 I/O,有的同时集成了数字量 I/O 和模拟量 I/O。

CPU 内的元件封装在一个牢固而紧凑的塑料机壳内,面板上有状态和故障指示、模式选择开关和通信接口。大多数 CPU 还有后备电池盒,存储器插槽可以插入多达数兆字节的 Flash EPROM 微存储器卡(简称为 MMC),易于掉电后程序和数据的保存。CPU 318 - 2 的面板如图 5 - 2 所示。

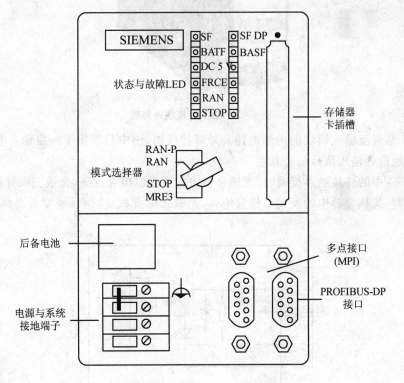

**图 5 - 2　CPU 318 - 2 的面板图**

## 5.1.3　数字量 I/O 模块

**1. 数字量输入模块**

SM321 数字量输入模块用于连接外部的机械触点和电子数字式传感器,例如二线式光电开关和接近开关等。数字量输入模块将从现场传来的外部数字信号的电平转换为 PLC 内部的信号电平。

输入电路中一般设有 RC 滤彼电路,以防止由于输入触点抖动或外部干扰脉冲引起的错误输入信号,输入电流一般为数毫安。数字量输入模块外形如图 5-3 所示。

**图 5-3　SM321 模块外形图**

图 5-4 是直流输入模块的内部电路和外部接线图,图中只画出了一路输入电路,M 和 N 是同一输入组内各输入信号的公共点。

当图 5-4 中的外接触点接通时,光耦合器中的发光二极管点亮,光敏三极管饱和导通;外接触点断开时,光耦合器中的发光二极管熄灭,光敏三极管截止,信号经背板总线接口传送给 CPU 模块。

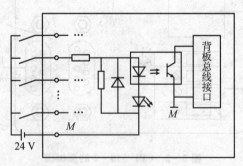

**图 5-4　数字量直流输入模块**

交流输入模块的额定输入电压为 AC120 V 或 230 V,如图 5-5 所示。在图 5-5 中用电容隔离输入信号中的直流成分,用电阻限流;而交流成分经桥式整流电路转换为直流电流,外接触点接通时,光耦合器中的发光二极管和显示用的发光二极管点亮,光敏三极管饱和导通。外接触点断开时,光耦合器中的发光二极管熄灭,光敏三极管截止,信号经背板总线接口传送给 CPU 模块。

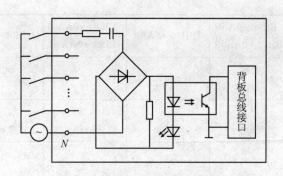

图 5 - 5　数字量交流输入模块

直流输入电路的延迟时间较短,可以直接与接近开关、光电开关等电子输入装置连接。DC 24 V 是一种安全电压。如果信号线不是很长,PLC 所处的物理环境较好、电磁干扰较轻,应考虑优先选用 DC 24 V 的输入模块。直流输入方式适合于在有油雾、粉尘的恶劣环境下使用。

数字量输入模块可以直接连接两线式接近开关,两线式接近开关的输出信号为 0 时,其输出电流(漏电流)不为 0。在选型时应保证两线式接近开关的漏电流小于输入模块允许的静态电流,否则将会产生错误的输入信号。

根据输入电流的流向,可以将输入电路分为源输入电路和漏输入电路。

漏输入电路(如图 5 - 4 所示)输入回路的电流从模块的信号输入端流进来,从模块内部输入电路的公共点 M 流出去。PNP 集电极开路输出的传感器应接到漏输入的数字量输入模块。

源输入电路的输入回路其电流从模块的信号输入端流出去,从模块内部输入电路的公共点 M 流进来。NPN 集电极开路输出的传感器应接到源输入的数字量输入模块。

数字量模块的输入输出电缆最大长度为 1 000 m(屏蔽电缆)或 600 m(非屏蔽电缆)。

SM321 数字量输入模块技术参数如表 5 - 1 所列。

表 5 - 1　SM321 数字量输入模块技术参数

| 6ES7 321 - | 1 BH02 - 0AA0<br>1BH82 - 0AA0[1] | 1BH50 - 0AA0 | 1BL00 - 0AA0<br>1BL80 - 0AA0[1] | 1CH00 - 0AA0 | 1CH80 - 0AA0[1)3)] |
|---|---|---|---|---|---|
| 输入点数 | 16 | 16;输入源输入 | 32 | 16 | 16 |
| 中断 | — | — | — | — | — |
| 诊断 | — | — | — | — | — |
| 额定负载电压 L+/L1 | | | | | |
| • 额定值 | 24 V DC | 24 V DC | 24 V DC | 24—48 VAC/DC | 48～125 VDC |
| • 允许范围 | 20.4～28.8 V | | | | |
| 输入电压 | | | | | |
| • 额定值 | 24 V DC | 24 V DC | 24 V DC | 24～48 V DC/AC | 48～125 V DC |
| • "1"信号 | 13～30 V | 13～30 V | 13～30 V～ | 14～60 V AC | 30～146 V DC |
| • "0"信号 | −30～+5 V | −5～+30 V DC | −30～+5 V DC | −5～5 V AC | −30～15 V DC |
| • 频率 | — | — | — | 0～63 Hz | — |

| 6ES7 321— | 1 BH02—0AA0<br>1BH82—0AA0[1] | 1BH50—0AA0 | 1BL00—0AA0<br>1BL80—0AA0[1] | 1CH00—0AA0 | 1CH80—0AA0[1][3] |
|---|---|---|---|---|---|
| 隔离(与背板总线)<br>· 分组数 | 光耦<br>16 | 16 | 16 | 光耦<br>1 | 光耦<br>8 |
| 输入电流<br>· "1"信号,典型值 | 9 mA | 7 mA | 7 mA | 8 mA | 2.6 mA |
| 输入延迟<br>· 可组态<br>· 额定输入电压时 | —<br>1.2~4.8 ms | —<br>1.2~4.8 ms | —<br>1.2~4.8 ms | 最大 15 ms | 1~3 ms |
| 可同时控制的输入<br>信号数量<br>· 最高 40 ℃<br>· 最高 60 ℃<br><br>· 最高 70 ℃ | 16<br>16 | 16<br>16 | 32<br>16 | 16(水平/垂直<br>安装)<br>16(垂直安装) | 16(120 V DC 时)<br>16(60 V DC 时)或<br>10(140 V DC 时)<br>16(60 V DC 时)或<br>6(140 V DC 时) |
| 两线制 BERO 的连接<br>· 允许静态电流最大 | 可以<br>1.5 mA | 可以<br>1.5 mA | 可以<br>1.5 mA | 可以<br>1.0 mA | 可以<br>1.0 mA |
| 电缆长度<br>· 无屏蔽<br>· 带屏蔽 | 600 m<br>1 000 m | 600 m<br>1 000 m | 600 m<br>1 000 m | 600 m<br>1 000 m | 600 m<br>1 000 m |
| 电流消耗<br>· 从背板总线,最大<br>· 从 L+,最大 | 10 mA<br>25 mA | 10 mA<br>— | 15 mA<br>— | 100 mA<br>— | 40 mA<br>— |
| 功耗,典型值 | 3.5 W | 3.5 W | 6.5 W | 24 V 时 1.5 W<br>48 V 时 2.8 W | 4.3 W |
| 隔离测试电压 | 500 V DC | 500 V DC | 500 V DC | 2 500 V DC | 1 500 V DC |
| 尺寸(W×H×D)/(mm×<br>mm×mm) | 40×125×120 | 40×125×120 | 40×125×120 | 40×125×120 | 40×125×120 |
| 质量(约) | 200 g | 200 g | 260 g | 260 g | 200 g |

注:1) SIMATIC 户外形带温度扩展范围−25~+60 ℃;

2) 只适用于温度扩展范围。

## 2. 数字量输出模块

SM322 数字量输出模块用于驱动电磁阀、接触器、小功率电动机、灯和电动机启动器等负载。数字输出模块将 S7 - 300 的内部信号电平转化为控制过程所需的外部信号电平,同时有隔离和功率放大的作用。

输出模块的功率放大元件有驱动直流负载的大功率晶体管和场效应晶体管、驱动交流负载的双向晶闸管或固态继电器,以及既可以驱动交流负载又可以驱动直流负载的小型继电器。输出电流的典型值为 0.5~2 A,负载电源由外部现场提供。数字量输出模块外形如图 5 - 6 所示。

　　图 5-7 是继电器输出电路。某一输出点为"1"状态时,梯形图中的线圈"通电",通过背板总线接口和光耦合器,使模块中对应的微型硬件继电器线圈通电,其常开触点闭合,使外部的负载工作。输出点为"0"状态时,梯形图中的线圈"断电",输出模块中的微型继电器的线圈也断电,其常开触点断开。

　　图 5-8 是固态继电器输出电路,小框内的光敏晶闸管和小框外的双向晶闸管等组成固态继电器(SSR)。SSR 的输入功耗低,输入信号电平与 CPU 内部的电平相同,同时又实现了隔离,并且有一定的带负载能力。梯形图中某一输出点为"1"状态时,其线圈"通电",光敏晶闸管中的发光二极管点亮,光敏双向晶闸管导通,使另一个容量较大的双向晶闸管导通,模块外部的负载得电工作。图 5-8 中的 RC 电路用来抑制晶闸管的关断过电压和外部的浪涌电压。这类模块只能用于交流负载,因为是无触点开关输出,其开关速度快,工作寿命长。

107

图 5-6　SM322 模块外形图

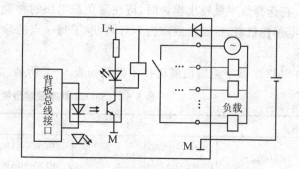

图 5-7　数字量继电器输出模块

　　双向晶闸管由关断变为导通的延迟时间小于 1 ms,由导通变为关断的最大延迟时间为 10 ms(工频半周期)。如果因负载电流过小晶闸管不能导通,可以在负载两端并联电阻。

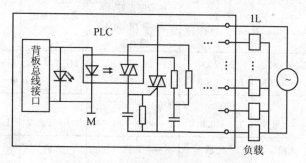

图 5-8　数字量固态继电器输出模块

图 5-9 是晶体管或场效应晶体管输出电路,只能驱动直流负载。输出信号经光耦合器送给输出元件,图中用一个带三角形符号的小方框表示输出元件。输出元件的饱和导通状态和截止状态相当于触点的接通和断开,这类输出电路的延迟时间小于 1 ms。

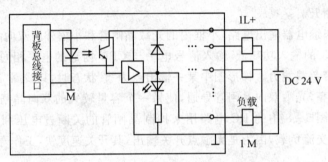

**图 5-9　数字量晶体管或场效应晶体管输出模块**

继电器输出模块的负载电压范围宽,导通压降小,承受瞬时过电压和过电流的能力较强,但是动作速度较慢,寿命(动作次数)有一定的限制。如果系统输出量的变化不是很频繁,建议优先选用继电器型。

固态继电器型输出模块只能用于交流负载,晶体管型、场效应晶体管型输出模块只能用于直流负载,其可靠性高,响应速度快,寿命长,但是过载能力稍差。

在选择数字量输出模块时,应注意负载电压的种类和大小、工作频率和负载的类型(电阻性、电感性负载、机械负载或白炽灯)。除了每一点的输出电流外,还应注意每一组的最大输出电流。

SM322 数字量输出模块技术参数如表 5-2 所列。

**表 5-2　SM322 数字量输出模块技术参数**

| 技术规范 | | | | | | |
|---|---|---|---|---|---|---|
| 6ES7 322- | 1BH01-0AA0 1BH81-0AA0[1] | 1BL00-0AA0 | 8BF00-0AB0[2] 8BF80-0AB0[1] | 5GH00-0AB0 | 1CF80-0AA0[1,3] | 1BF01-0AA0 |
| 输出点数 | 16 | 32 | 8 | 16 | 8 | 8 |
| 中断 | — | | 有 | — | — | — |
| 诊断 | — | | 组态;按通道顺序诊断报警,短路,断线,无电源电压 | 可参数赋值 | — | — |
| 额定负载电压 L+/L1 • 允许范围 | 24 V DC 20.4~28.8 V | 24 V DC 20.4~28.8 V | 24 V DC 20.4~28.8 V | 24/48 V DC — | 48~125 V DC 40~140 V DC | 24 V DC 20.4~28.8 V |
| 输出电压 • "1"信号时 | L+-0.8 V | L+-0.8 V | L+-0.8~-1.6 V | L+-0.25 V | L+-1.1 V | L+-0.8 V |
| 电隔离 • 分组数 | 光耦 8 | 光耦 8 | 光耦 8 | 光耦 1 | 光耦 4 | 光耦 4 |

| 技术规范 6ES7 322 - | 1BH01 - 0AA0 1BH81 - 0AA0[1] | 1BL00 - 0AA0 | 8BF00 - 0AB0[2] 8BF80 - 0AB0[1] | 5GH00 - 0AB0 | 1CF80 - 0AA0[1,3] | 1BF01 - 0AA0 |
|---|---|---|---|---|---|---|
| 最大输出电流 | | | | | | |
| • "1"信号时 | | | | | | |
| —40 ℃时额定值 | — | — | — | — | 1.5 A | — |
| —60 ℃时额定值 | 0.5 A | 0.5 A | 0.5 A | 0.5 A | — | 2 A |
| 一最小电流 | 5 mA | 5 mA | 10 mA | 1.5 A | 10 mA | 5 mA |
| 一允许范围 | | | | (50 ms 时) 1A²s | | |
| • "0"信号 | 0.5 mA | 0.5 mA | 0.5 mA | 10 μA | 10 mA | 0.5 mA |
| 每个通道总输出电流 | | | | | | |
| • 最高 40 ℃ | 4 A | 4 A | 2 A | | 4 A | |
| • 最高 60 ℃（水平安装） | 3 A | 3 A | 2 A | 0.5 A | 4 A | 4 A |
| 灯负载,最大 | 5 W | 5 W | 5 W | 5 W | 15 W(48 V)或 40 W(120 V) | 10 W |
| 输出开关频率 | | | | | | |
| • 阻性负载,最大 | 100 Hz | 100 Hz | 100 Hz | 0.5 Hz | 20 Hz | 100 Hz |
| • 感性负载,最大 | 0.5 Hz | 0.5 Hz | 2 Hz | | 0.5 Hz | 0.5 Hz |
| • 灯负载,最大 | 100 Hz | 100 Hz | 100 Hz | 10 Hz | 100 Hz |
| • 机械,最大 | — | — | — | — | — | — |
| 触点开关能力 | | | | | | |
| • 阻性负载,最大 | — | — | — | | | |
| • 感性负载,最大 | — | — | — | | | |
| • 灯负载,最大 | — | — | — | | | |
| 符合 VDE 0660,第二部分的服务寿命 | | | | | | |
| • AC15 | — | | | | | |
| • DC13 | — | | | | | |
| 电路中断时（内部）感应的电压限制为,最大 | L+-48 V | L+-48 V | L+-45 V | — | | L+-48 V |
| 短路保护 | 电子式 | 电子式 | 电子式 | 外部提供 | 电子式 | 电子式 |
| 电缆长度 | | | | | | |
| • 没有屏蔽 | 600 m | 600 m | 600 m | 600 m | 600 m | 600 m |
| • 有屏蔽 | 1 000 m | 1 000 m | 1 000 m | 1 000 m | 1 000 m | 1 000 m |

109

| 技术规范 | | | | | | |
|---|---|---|---|---|---|---|
| 6ES7 322 - | 1BH01－0AA0<br>1BH81－0AA0[1] | 1BL00－0AA0 | 8BF00－0AB0[2]<br>8BF80－0AB0[1] | 5GH00－<br>0AB0 | 1CF80－<br>0AA0[1,3] | 1BF01－<br>0AA0 |
| 电流消耗<br>• 从背板总线，<br>　最大<br>• 从 L＋/L1（空<br>　载），最大 | 80 mA<br>120 mA | 110 mA<br>200 mA | 70 mA<br>90 mA | 100 mA<br>200 mA | 100 mA<br>40 mA | 40 mA<br>60 mA |
| 功率损失，典型值 | 4.9 W | 5 W | 5 W | 2.8 W | 6.5 W | 6.8 W |
| 隔离测试电压 | 500 V DC | 500 V DC | 500 V DC | | 1 500 V DC | 500 V DC |
| 尺寸(W×H×D)<br>/(mm×mm×mm) | 40×125×210 | 40×125×210 | 40×125×210 | 40×125×210 | 40×125×210 | 40×125×210 |
| 所需前连接器 | 20 针 | 40 针 | 20 针 | 40 针 | 20 针 | 20 针 |
| 质量(约) | 190 g | 210 g | 210 g | 260 g | 260 g | 190 g |

注：1. SIMATIC 户外形模板的温度范围为－25～＋60 ℃。

2. 当 CPU 停机时模板保留上一次的值，或关断输出上的替换值。诊断通过 CPU 的诊断功能以及各通道的红色指示灯指示。

3. SIMATIC 户外形模板只具有扩展的温度范围。

### 3. 数字量输入/输出模块

SM323 是 S7 - 300 的数字量输入/输出模块，它有两种型号可供选择。一种是 8 点输入和 8 点输出的模块，输入点和输出点均只有一个公共端。另外一种有 16 点输入（8 点 1 组）和 16 点输出（8 点 1 组）。输入、输出的额定电压均为 DC 24 V，输入电流为7 mA，最大输出电流为 0.5 A，每组总输出电流为 4 A。输入电路和输出电路通过光耦合器与背板总线相连，输出电路为晶体管型，有电子保护功能。数字量输入/输出模块外形如图 5 - 10所示。

## 5.1.4 模拟量 I/O 模块

### 1. 模拟量输入模块

S7 - 300 的模拟量 I/O 模块包括模拟量输入模块 SM331、模拟量输出模块 SM332 和模拟量输入/输出模块 SM334和 SM335。

图 5 - 10　SM323 模块外形图

### (1) 模拟量变送器

生产过程中有大量的连续变化的模拟量需要用 PLC 来测量或控制。有的是非电量，例如温度、压力、流量、液位、物体的成分（例如气体中的含氧量）和频率等。有的是强电电量，例如发电动机组的电流、电压、有功功率和无功功率、功率因数等。变送器用于将传感器提供的电量或非电量转换为标准的直流电流或直流电压信号，例如 DC 0～10 V 和 DC 4～20 mA。

110

**(2) SM331 模拟量输入模块的基本结构**

模拟量输入模块用于将模拟量信号转换为 CPU 内部处理用的数字信号,其主要组成部分是 A/D 转换器。模拟量输入模块的输入信号一般是模拟量变送器输出的标准直流电压、电流信号。SM331 也可以直接连接不带附加放大器的温度传感器(热电偶或热电阻),这样可以省去温度变送器,不但节约了硬件成本,控制系统的结构也更加紧凑。模块外形如图 5 - 11 所示。

塑料机壳面板上的红色 LED 用于显示故障和错误。前门的后面是前连接器,前面板上有标签区。模块安装在 DIN 标准导轨上,并通过总线连接器与相邻模块连接,输入通道的地址由模块所在的位置决定。

一块 SM331 模块中的各个通道可以分别使用电流输入或电压输入,并选用不同的量程。有多种分辨率可供选择(9～15 位＋符号位,与模块有关)。分辨率不同,转换时间也不同。

模拟量转换是顺序执行的,每个模拟量通道的输入信号是被依次轮流转换的。由图 5 - 12 可知,模拟量输入模块由多路开关、A/D 转换器(ADC)、光隔离元件、内部电源和逻辑

图 5 - 11　SM331 模块外形图

电路组成。8 个模拟量输入通道共用一个 A/D 转换器,通过多路开关切换被转换的通道,模拟量输入模块各输入通道的 A/D 转换和转换结果的存储与传送是顺序进行的。

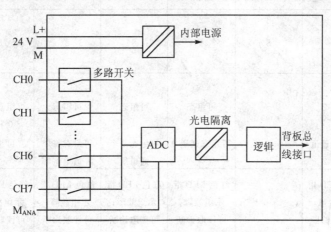

图 5 - 12　模拟量输入模块框图

各个通道的转换结果被保存到各自的存储器,直到被下一次的转换值覆盖。可以用装入指令"LPIW…"来访问转换的结果。

有的 SM331 模块具有中断功能,通过中断将诊断信息传送给 CPU 模块。

**(3) 模块量输入模块的扫描时间**

通道的转换时间由基本转换时间和模块的电阻测试和断线监控时间组成,基本转换时间取决于模块量输入模块的转换方法(例如积分法和瞬时值转换法)。对于积分转换法,积分时

间直接影响转换时间,积分时间可在 STEP 7 中设置。

扫描时间是指模拟量输入模块对所有被激活的模拟量输入通道进行转换和处理的时间的总和。如果模拟量输入通道进行了通道分组,还需要考虑通道组之间的转换时间。

为了减小扫描时间,应使用 STEP 7 中的硬件组态工具屏蔽掉未用的模拟量输入通道,在硬件上还需要将未使用的通道的输入端短路。

**(4) 模块量输入模块的误差**

运行误差极限是指在模块的整个允许的温度范围内,在模块的正常测量范围或输出范围,模拟量模块的最大相对测量误差或相对输出误差。

基本误差极限是指在模块的正常工作范围内,25 ℃时模拟量模块的测量误差或输出误差。

例如,某模拟量输出模块为 4 通道 12 位模拟量输出模块,假设输出范围为 0~10 V,模块的环境工作温度为 30 ℃,模块的电压输出运行极限为 ±0.5%,因此在整个模块的正常输出范围内,最大输出误差应为 ±0.05 V(10 V 的 ±0.5%)。

如果实际输出电压力 1 V,模块的输出范围应为 0.95~1.05 V。此时的相对误差为

$$\left(\frac{0.05 \text{ V}}{1 \text{ V}}\right) \times 100\% = \pm 5\%$$

**(5) 模块量输入模块的技术参数**

SM331 模块量输入模块的技术参数如表 5-3 所列。

表 5-3  SM331 模块量输入模块的技术规范

| 6ES7 331- | 7KF02-0AB0 | 1KF00-0AB0 | 7KB02-0AB0 7KB82-0AB0 | 7PF00-0AB0 | 7PF10-0AB0 | 7NF00-0AB0 | 7NF10-0AB0 |
|---|---|---|---|---|---|---|---|
| 输入点数 | 8 | 8 | 2 | | | | |
| • 用于电阻测量 | 4 | 8 | 1 | 8 | 8 | 8 | 8 |
| 中断 | | | | | | | |
| • 极限值中断 | 可组态 | — | 可组态 | 可组态 | 可组态 | 可组态通道 0 和 2 可组态 | 可组态所有通道可组态 |
| • 诊断中断 | 可组态通道 0 和 2 | — | 可组态通道 0 | 可组态每个通道组 | 可组态每个通道组 | | |
| 诊断 | 红色 LED 指示组故障,可读取诊断信息 | — | 红色 LED 指示组故障,可读取诊断信息 | 红色 LED 指示组故障,可读取诊断信息 | 红色 LED 指示组故障,可读取诊断信息 | 红色 LED 指示组故障,可读取诊断信息 | 红色 LED 指示组故障,可读取诊断信息 |
| 额定电压 L+ | 24 V DC | — | 24 V DC | 24 V DC | 24 V DC | — | — |
| • 反极性保护 | 有 | — | 有 | 有 | 有 | — | — |
| 输入范围/输入电阻 | | | | | | | |

续表 5 - 3

| 6ES7 331 - | 7KF02 - 0AB0 | 1KF00 - 0AB0 | 7KB02 - 0AB0<br>7KB82 - 0AB0 | 7PF00 - 0AB0 | 7PF10 - 0AB0 | 7NF00 - 0AB0 | 7NF10 - 0AB0 |
|---|---|---|---|---|---|---|---|
| • 电压 | ±80 mV/10 MΩ<br>±250 mV/10 MΩ<br>±500 mV/10 MΩ<br>±1 V/10 MΩ<br>±2.5 V/100 kΩ<br>±5 V/100 kΩ<br>1~5 V/100 kΩ<br>±10 V/100 kΩ | ±50 mV/10 MΩ<br>±500 mV/10 MΩ<br>±1 V/10 MΩ<br>±5 V/100 kΩ<br>1~5 V/100 kΩ<br>±10 V/100 kΩ<br>0~10 V/100 kΩ | ±80 mV/10 MΩ<br>250 mV/10 MΩ<br>±500 mV/10 MΩ<br>±1 V/10 MΩ<br>±2.5 V/100 kΩ<br>±5 V/100 kΩ<br>1~5 V/100 kΩ<br>±10 V/100 kΩ | — | — | ±5 V/2 MΩ<br>1~5 V/2 MΩ<br>±10 V/2 MΩ | ±5 V/10 MΩ<br>1~5 V/10 MΩ<br>±10 V/10 MΩ |
| • 电流 | ±10 mA/25 Ω<br>±3.2 mA/25 Ω<br>±20 mA/25 Ω<br>1~20 mA/25 Ω<br>4~20 mA/25 Ω | ±20 mA/50 Ω<br>1~20 mA/50 Ω<br>4~20 mA/50 Ω | ±10 mA/25 Ω<br>±3.2 mA/25 Ω<br>±20 mA/25 Ω<br>1~20 mA/25 Ω<br>4~20 mA/25 Ω | — | — | ±20 mA/250 Ω<br>1~20 mA/250 Ω<br>4~20 mA/250 Ω | ±20 mA/250 Ω<br>1~20 mA/250 Ω<br>4~20 mA/250 Ω |
| • 电阻 | 150 Ω/10 MΩ<br>300 Ω/10 MΩ<br>600 Ω/10 MΩ | 0~6 kΩ/10 MΩ<br>0~600 Ω/10 MΩ | 150 Ω/10 MΩ<br>300 Ω/10 MΩ<br>600 Ω/10 MΩ | 0~150 Ω<br>0~300 Ω<br>0~600 Ω | — | — | — |
| • 热电偶 | E,N,J,K/10 MΩ | — | E,N,J,K/10 MΩ | — | B,E,J,K,L,N,R | — | — |
| • 热电阻 | PT100 标准型/10 MΩ | PT100 标准型/10 MΩ | PT100 标准型/10 MΩ | PT100,PT200, | — | — | — |

| 6ES7 331 - | 7KF02 - 0AB0 | 1KF00 - 0AB0 | 7KB02 - 0AB0 7KB82 - 0AB0 | 7PF00 - 0AB0 | 7PF10 - 0AB0 | 7NF00 - 0AB0 | 7NF10 - 0AB0 |
|---|---|---|---|---|---|---|---|
| | NI100 标准型 | PT100 气候型/10 MΩ | NI100 标准型 | PT500, PT1000 NI100,NI120, NI200,NI500, NI1000,Ou10 | | | |
| 电流输入时允许的输入电压 | 最大 20 V | 最大 30 V | 最大 20 V | 最大 50 V | 最大 50 V | 最大 50 V | 最大 75 V |
| 电流输入时允许的输入电流 | 最大 40 mA | 最大 40 mA | 最大 40 mA | — | — | 最大 32 mA | 最大 40 mA |
| 传感器信号连接 · 用于电流测量 —2 线变送器 | 可以 | 可以,外部供电 | 可以 | — | — | 可以,带外部变送器 | 可以,外部供电,变送器 |
| —4 线变送器 | 可以 | 可以 | 可以 | — | — | 可以 | 可以 |
| · 用于电阻测量 —2 端连接 | — | 可以 | 可以 | 可以 | | — | — |
| —3 端连接 | — | 可以,3 线补偿 | 可以 | 可以 | | — | — |
| —4 端连接 | — | 可以 | 可以 | 可以 | | — | — |
| 与背板总线隔离 | 有 | 有 | 有 | 有 | 有 | 有 | 有 |
| 特性线性化 · 对于热电偶 | N/E/J/K 型 | — | N/E/J/K 型 | — | B,R,S,T, E,J,K,N, U,L 型 | | |
| · 对于热电阻 | Pt 100 NI100 | PT100 标准型 PT100 气候型 | Pt100 NI100 | Pt100/200/500/1000; NI100/500/1000; Cu10 | — | — | — |

| 6ES7 331 – | 7KF02 – 0AB0 | 1KF00 – 0AB0 | 7KB02 – 0AB0<br>7KB82 – 0AB0 | 7PF00 – 0AB0 | 7PF10 – 0AB0 | 7NF00 – 0AB0 | 7NF10 – 0AB0 |
|---|---|---|---|---|---|---|---|
| 温度补偿 | 可组态 | 无 | 可组态 | 内部 | 可组态 | 无 | 无 |
| · 内部 | 可以 | — | 可以 | — | 可以 | — | — |
| · 外部有补偿金 | 可以 | — | 可以 | — | 可以 | — | — |
| 外部有 Pt 100 | — | — | — | | | | |
| 每通道转换时间/分辨率 | | | | | | | |
| · 积分时间（ms） | 2. 5/16. 7/20/100 ms | 16.7/20 ms | 2. 5/16. 7/20/100 ms | — | — | 2. 5/16. 7/20/100 ms | 整个模板全部 8 个通道 23/72/83/95 ms |
| · 基本转换时间 | | | | | | | |
| 一最多 4 通道（1 通道/通道组） | | | | 100 ms/模板 | 10 ms/模板 | | |
| 一5 通道以上（>1 通道/通道组） | | | | 190 ms/模板 | 190 ms/模板 | | |
| · 分辨率 | | | | | | | |
| 一单极性 | 9/12/12/14 位 | 13/13 位 | 9/12/12/14 位 | | | 15/15/15/15 | 15/15/15/15 |
| 一双极性 | 9/12/12/14 位＋符号位 | 12/12 位＋符号位 | 9/12/12/14 位＋符号位 | | | 15/15/15/15 位＋符号位 | 15/15/15/15 位＋符号位 |
| · 干扰抑制频率 | 400/60/50/10 Hz | 60/50 Hz | 400/60/50/10 Hz | 400/60/50/10 Hz | 400/60/50/10 Hz | 400/60/50/10 Hz | 400/60/50/10 Hz |

**115**

除了 1KF00 – 0AB0，其余模块均用红色 LED 指示组故障，可以读取诊断信息。模块与背板总线之间有隔离，热电偶、热电阻输入时均有线性化处理。使用屏蔽电缆时最大距离为 200 m，输入信号为 50 mV 或 80 mV 时，最大距离为 50 m。

**(6) 模拟输入量转换后的模拟值表示方法**

模拟量输入/输出模块中模拟量对应的数字称为模拟值，模拟值用 16 位二进制补码定点数来表示，最高位（第 15 位）为符号位，正数的符号位为 0，负数的符号位为 1。

模拟量模块的模拟值位数（即转换精度）可以设置为 9~15 位（与模块的型号有关，不包括符号位），如果模拟值的精度小于 15 位，则模拟值左移，使其最高位（符号位）在 16 位字的最高位（第 15 位），模拟值左移后未使用的低位则填入 "0"，这种处理方法称为 "左对齐"。设模拟值的精度为 12 位加符号位，未使用的低位（第 0~2 位）为 0，相当于实际的模拟值被乘以 8。

表 5 – 4 给出了模拟量输入模块的模拟值与模拟量之间的对应关系、模拟量量程的上、下

限（±100％）分别对应于十六进制模拟值 6C00H 和 9400H（H 表示十六进制数）。

表 5-4　SM331 模拟量输入模块的模拟值与模拟量对应表

| 范　围 | 双极性 | | | | | |
|---|---|---|---|---|---|---|
| | 百分比 | 十进制 | 十六进制 | ±5 V | ±10 V | ±20 mA |
| 上溢出 | 118.515％ | 32 767 | 7FFFH | 5.926 V | 11.85 V | 23.70 mA |
| 超出范围 | 117.589％ | 32 511 | 7EFFH | 5.879 V | 11.759 V | 23.52 mA |
| 正常范围 | 100.000％ | 27 648 | 6C00H | 5 V | 10 V | 20 mA |
| | 0％ | 0 | 0H | 0 V | 0 V | 0 mA |
| | −100.000％ | −27 648 | 9400H | −5 V | −10 V | −20 mA |
| 低于范围 | −117.593％ | −32 512 | 8100H | −5.879 V | −11.759 V | −23.52 mA |
| 下溢出 | −118.519％ | −32 768 | 8000H | −5.926 V | −11.851 | −23.70 mA |
| 范　围 | 单极性 | | | | | |
| | 百分比 | 十进制 | 十六进制 | 0～10 V | 0～20 mA | 4～20 mA |
| 上溢出 | 118.515％ | 32 767 | 7FFFH | 11.852 V | 23.70 mA | 22.96 mA |
| 超出范围 | 117.589％ | 32 511 | 7EFFH | 11.759 V | 23.52 mA | 22.81 mA |
| 正常范围 | 100.000％ | 27 648 | 6C00H | 10 V | 20 mA | 20 mA |
| | 0％ | 0 | 0H | 0 V | 0 mA | 4 mA |
| 低于范围 | −17.593％ | −4 864 | ED00H | | −3.52 mA | 1.185 mA |

　　模拟量输入模块在模块通电前或模块参数设置完成后第一次转换之前，或上溢出时，其模拟值为 7FFFH，下溢出时，其模拟值为 8000H。上、下溢出时 SF 指示灯闪烁，有诊断功能的模块可以产生诊断中断。

**（7）模拟量输入模块测量范围的设置**

　　模拟量输入模块的输入信号种类用安装在模块侧面的量程卡（或称量程模块）来设置（如图 5-13 所示）。量程卡安装在模拟量输入模块的侧面，每两个通道为一组，共用一个量程卡；图 5-13 中的模块有 8 个通道，因此有 4 个量程卡。量程卡插入输入模块后，如果量程卡上的标记 C 与输入模块上的标记相对，则量程卡被设置在 C 位置。模块出厂时，量程卡预设在 B 位置。

　　以模拟量输入模块 6ES7 331-7KF02-0AB0 为例，量程卡的 B 位置（如表 5-5 所列）包括 4 种电压输入；C 位置包括 5 种电流输入；D 位置的测量范围只有 4～20 mA。其余的 21 种温度传感器、电阻测量或电压测量的测量范围均应选择位置 A，使用 STEP 7 中的硬件组态功能可以进一步确定测量范围。

　　供货时量程卡被设置在出厂时预设的 B 位置。如果需要的话，必须重新设置量程卡，以更改测量方法和测量范围。各位置对应的测量方法和测量范围都印在模拟量模块上。设置量程卡时先用螺钉旋具将量程卡从模拟量输入模块中取出来，然后根据要设置的量程，确定量程卡的位置，再按新的设置将量程卡插入模拟量输入模块中。

　　如果没有正确地设置量程卡，将会损坏模拟量输入模块。将传感器连接至模块之前，应确保量程卡在正确的位置。

116

没有量程卡的模拟量模块可以通过不同的端子接线方式来设置测量的量程。

表 5 – 5　模拟量输入模块的默认设置

| 量程卡设置 | 测量方法 | 量　　程 |
|---|---|---|
| A | 电压 | ±1 000 mV |
| B | 电压 | ±10 V |
| C | 4 线变送器电流 | 4～20 mA |
| D | 2 线变送器电流 | 4～20 mA |

图 5 – 13　量程卡

### (8) 传感器与模拟量输入模块的接线

为了减少电磁干扰,传送模拟信号时应使用双绞线屏蔽电缆,模拟信号电缆的屏蔽层应两端接地。如果电缆两端存在电位差,将会在屏蔽层中产生等电位线连接电流,造成对模拟信号的干扰。在这种情况下,应将电缆的屏蔽层一点接地。

1) 带隔离的模拟量输入模块

一般情况下,CPU 的接地端子与 M 端子用短接片相连,带隔离的模拟量输入模块的测量电流参考点 $M_{ANA}$(如图 5 – 12 所示)与 CPU 模块的 M 端子之间没有电气连接。

如果测量电流参考点 $M_{ANA}$ 和 CPU 的 M 端存在电位差 $U_{ISO}$,必须选用带隔离的模拟量输入模块。通过在 $M_{ANA}$ 端子和 CPU 的 M 端子之间使用一根等电位连接导线,可以确保 $U_{ISO}$ 不会超过允许值。

2) 不带隔离的模拟量输入模块

在 CPU 的 M 端子和不带隔离的模拟量输入模块的测量电流参考点 $M_{ANA}$ 之间,必须建立电气连接。应连接输入模块的 $M_{ANA}$ 端子和 CPU 模块、IM153 接口模块的 M 端子,否则这些端子之间的电位差会破坏模拟量信号。

在输入通道的测量线负端 M– 和模拟量测量电路的参考点 $M_{ANA}$ 之间只会发生有限的电位差 $U_{CM}$(共模电压)。为了防止超过允许值,应根据传感器的接线情况,采取不同的措施。

3) 连接带隔离的传感器

带隔离的传感器没有与本地接地电位连接(M 为本地接地端子)。在不同的带隔离的传感器之间会引起电位差。这些电位差可能是因为干扰或传感器的布局造成的。为了防止在具有强烈电磁干扰的环境中运行时超过 $U_{CM}$ 的允许值,建议将测量线的负端 M– 与 $M_{ANA}$ 连接。在连接用于电流测量的两线式变送器、阻性传感器和没有使用的输入通道时,禁止将 M– 连接至 $M_{ANA}$。

4) 连接不带隔离的传感器

不带隔离的传感器与本地接地电位连接(本地接地)。如果使用不带隔离的传感器,必须将 $M_{ANA}$ 连接至本地接地。

由于本地条件或干扰信号,在本地分布的各个测量点之间会造成静态或动态电位差 $E_{CM}$。如果 $E_{CM}$ 超过允许值,必须用等电位连接导线将各测量点的负端 M– 连接起来。

如果将不带隔离的传感器连接到有光隔离的模块,CPU 既可以在接地模式下运行($M_{ANA}$ 与 M 点相连),也可以在不接地模式下运行。

117

如果将不带隔离的传感器连接到不带隔离的输入模块,CPU 只能在接地模式下运行。必须用等电位连接导线将各测量点的负端 M－连接后,再与接地母线相连。

不带隔离的双线变送器和不带隔离的阻性传感器不能与不带隔离的模拟量输入模块一起使用。

### 2. 模拟量输出模块

#### (1) 模拟量输出模块的基本结构

S7－300 的模拟量输出模块 SM332 用于将 CPU 送给它的数字信号转换为成比例的电流信号或电压信号,对执行机构进行调节或控制,其主要组成部分是 D/A 转换器(如图 5－14 所示)。可以用传送指令"T PQW…"向模拟量输出模块写入要转换的数值。模块外形如图 5－15 所示。

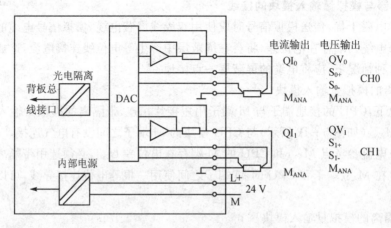

**图 5－14 模拟量输出模块框图**

#### (2) 模拟量输出模块的响应时间

模拟量输出模块未通电时输出一个 0 mA 或 0 V 的信号,在处于 RUN 模式、模块有 DC 24 V 电源,且在参数设置之前,将输出前一数值。进入 STOP 模式、模块有 DC 24 V 电源时,可以选择不输出电流电压、保持最后的输出值或采用替代值。在上、下溢出时模块的输出值均为 0 mA 或 0 V。

模拟量输出通道的转换时间由内部存储器传送数字输出值的时间和数字量到模拟量的转换时间组成。循环时间 $t_z$ 是模拟量输出模块所有被激活的模拟量输出通道的转换时间的总和。应关闭没有使用的模拟量通道,以减小循环时间。

建立时间 $t_E$ 是指从转换结束到模拟量输出到达指定的值的时间,它与负载的性质(阻性负载、容性负载或感性负载)有关。模块的技术规范给出了模拟量输出模块的建立时间与负载之间的函数关系。

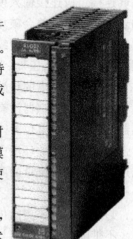

**图 5－15 SM332 外形图**

响应时间 $t_A$ 是指内部存储器中得到数字量输出值到模拟量输出达到指定值的时间,在最坏的情况下,该时间为循环时间 $t_z$ 和建立时间 $t_E$ 之和。

#### (3) 模拟量输出模块的技术参数

SM332 的 4 种模拟量输出模块均有诊断中断功能,用红色 LED 指示组故障,可以读取诊

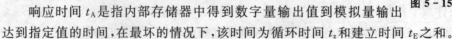

断信息。额定负载电压均为 DC 24 V。模块与背板总线有光隔离,使用屏蔽电缆时最大距离为 200 m。都有短路保护,短路电流最大 25 mA,最大开路电压 18 V。SM322 模拟量输出模块技术参数如表 5 – 6 所列。

表 5 – 6　SM332 模拟量输出模块技术参数

| 6ES7 332 – | 5HB01 – 0AB0<br>5HB81 – 0AB0 | 5HD01 – 0AB0 | 5HF00 – 0AB0 | 7ND00 – 0AB0 |
|---|---|---|---|---|
| 输出点数 | 2 | 4 | 8 | 4 |
| 中断 | | | | |
| ·诊断中断 | 有 | 有 | 有 | 有 |
| 诊断 | 红色 LED 指示组故障,可读取诊断信息 | 红色 LED 指示组故障,可读取诊断信息 | 红色 LED 指示组故障,可读取诊断信息 | 红色 LED 指示组故障,可读取诊断信息 |
| 额定负载电压 | 24 V DC | 24 V DC | 24 V DC | 24 V DC |
| 输出范围 | | | | |
| ·电压输出 | 0～10 V;±10 V;1～5 V | 0～10 V;±10 V;1～5 V | 0～10 V;±10 V;1～5 V | 0～10 V;±10 V;1～5 V |
| ·电流输出 | 4～20 mA;±20 mA 0～20 mA | 4～20 mA;±20 mA 0～20 mA | 4～20 mA;±20 mA 0～20 mA | 4～20 mA;±20 mA 0～20 mA |
| 负载阻抗 | | | | |
| ·电压输出,最大 | 1 kΩ | 1 kΩ | 1 kΩ | 1 kΩ |
| ·电流输出,最大 | 0.5 kΩ | 0.5 kΩ | 0.5 kΩ | 0.5 kΩ |
| ·容性输出,最大 | 1 μF | 1 μF | 1 μF | 1 μF |
| ·感性输出,最大 | 1 mH | 1 mH | 1 mH | 1 mH |
| 电压输出 | | | | |
| ·短路保护,最大 | 有 | 有 | 有 | 有 |
| ·短路电流,最大 | 25 mA | 25 mA | 25 mA | 40 mA |
| 电流输出 | | | | |
| ·开路电压,最大 | 18 V | 18 V | 18 V | 18 V |
| 与背板总线的光电隔离 | 有 | 有 | 有 | 有 |
| 分辨率 | 11 位＋符号位<br>(在 ±10 V;±20 mA 时)12 位<br>(在 0～10 V,0～20 mA),4～20 mA,1～5 V | 11 位＋符号位<br>(在 ±10 V;±20 mA 时)12 位<br>(在 0～10 V,0～20 mA),4～20 mA,1～5 V | 11 位＋符号位<br>(在 ±10 V;±20 mA 时)12 位<br>(在 0～10 V,0～20 mA),4～20 mA,1～5 V | 15 位＋符号位 |
| 每通道转换时间,最大 | 0.8 ms | 0.8 ms | 0.8 ms | 1.5 ms |
| 建立时间 | | | | |
| ·阻性负载 | 0.2 ms | 0.2 ms | 0.2 ms | 0.2 ms |
| ·容性负载 | 3.3 ms | 3.3 ms | 3.3 ms | 3.3 ms |
| ·感性负载 | 0.5 ms | 0.5 ms | 0.5 ms | 0.5 ms |
| 替换值赋值 | 可组态 | 可组态 | 可组态 | 可组态 |

| 6ES7 332－ | 5HB01－0AB0<br>5HB81－0AB0 | 5HD01－0AB0 | 5HF00－0AB0 | 7ND00－0AB0 |
|---|---|---|---|---|
| 工作极限<br>(0～60 ℃,相对于整个<br>输出范围)<br>• 电压<br>• 电流 | ±0.5%<br>±0.6% | ±0.5%<br>±0.6% | ±0.5%<br>±0.6% | ±0.12%<br>±0.18% |
| 基本误差<br>(工作限制在 25 ℃时,相<br>对于输出范围)<br>• 电压<br>• 电流 | ±0.4%<br>±0.5% | ±0.4%<br>±0.5% | ±0.4%<br>±0.5% | ±0.01%<br>±0.01% |
| 电缆长度(屏蔽),最大 | 200 m | 200 m | 200 m | 200 m |
| 能量消耗<br>• 从背板总线,最大<br>• 从 L+,最大 | 60 mA<br>240 mA | 60 mA<br>240 mA | 60 mA<br>340 mA | 60 mA<br>240 mA |
| 功率消耗,典型值 | 3 W | 3 W | 6 W | 3 W |
| 光电隔离,测试电压 | 500 V DC | 500 V DC | 500 V DC | 500 V DC |
| 尺寸(W×H×D)<br>/(mm×mm×mm) | 40×125×120 | 40×125×120 | 40×125×120 | 40×125×120 |
| 重量,大约 | 220 g | 220 g | 272 g | 220 g |
| 所需前连接器 | 20 针 | 20 针 | 40 针 | 20 针 |

**(4) 模拟量输出模块与负载或执行器的接线**

模拟量输出模块为负载和执行器提供电流和电压,模拟信号应使用屏蔽电缆或双绞线电缆来传送。电缆线 QV 和 $S_+$,$M_{ANA}$ 和 $S_-$(如图 5－14 所示)应分别铰接在一起(这样可以减轻干扰的影响),并将电缆两端的屏蔽层接地。

如果电缆两端有电位差,将会在屏蔽层中产生等电动势连接电流,干扰传输的模拟信号。在这种情况下应将电缆屏蔽层一点接地。

对于带隔离的模拟量输出模块,在 CPU 的 M 端和测量电路的参考点 $M_{ANA}$ 之间没有电气连接。如果 $M_{ANA}$ 点和 CPU 的 M 端子之间有电位差 $E_{ISO}$,必须选用隔离型的模拟量输出模块。在 $M_{ANA}$ 端子和 CPU 的 M 端子之间使用一根等电位连接导线,可以使 $E_{ISO}$ 不超过允许值。

**3. 模拟量输入/输出模块**

模拟量输入/输出模块 SM334 和 SM335 的技术规范如表 5－7 和表 5－8 所列。

快速模拟量输入/输出模块 SM335 提供:

① 4 个快速模拟量输入通道,基本转换时间最大为 1 ms;

② 4 个快速模拟量输出通道,每通道最大转换时间为 0.8 ms;

③ 10 V/25 mA 的编码器电源;

④ 一个计数器输入(24 V/500 Hz)。

SM335 有两种特殊工作模式:

① 只进行测量:模块不断地测量模拟量输入值,而不更新模拟量输出。它可以快速测量模拟量值(<0.5 ms)。

② 比较器:SM335 对设定值与测量值的模拟量输入值进行快速比较。

SM335 有循环周期结束中断和诊断中断。

表 5－7　SM334 模拟量输入/输出模块技术参数

| 6ES7 334 － | 0CE01－0AA0 | 0KE00－0AB0 0KE80－0AB0[1] | 6ES7 334 － | 0CE01－0AA0 | 0KE00－0AB0 0KE80－0AB0[1] |
|---|---|---|---|---|---|
| 输入点数 | 4 | 4 | 运行极限（在整个温度范围,参考输入范围） | | |
| ・ 用于电压测量 | 4 | 2 | | | |
| ・ 用于电阻测量 | — | 4 | | | |
| 中断 | | | ・ 电压 | ±0.9% | ±0.7% |
| ・ 极限值中断 | — | — | ・ 电流 | ±0.8% | — |
| ・ 诊断中断 | — | — | ・ 10 kΩ | — | ±3.5% |
| 诊断 | — | — | ・ Pt 100 | — | ±1.0% |
| 额定负载电压 L+ | 24 V DC | 24 V DC | 基本误差限制（在 25 ℃,对应于输出范围） | | |
| 输入范围/输出阻抗 | 0～10 V/100 kΩ 0～20 mA/50 Ω | 0～10 V/100 kΩ 电阻 10 kΩ,Pt100 （只限于气候范围） | | | |
| | | | ・ 电压 | ±0.7% | ±0.5% |
| | | | ・ 电流 | ±0.6% | — |
| 电压输入的允许范围 | 20 V | — | ・ 10 kΩ | — | ±2.8% |
| 电流输入的允许范围 | 20 mA | — | ・ Pt100 | — | ±0.8% |
| 连接信号传感器 | | | 输出点数 | 2 | 2 |
| ・ 测量电流 | | | 中断 | | |
| －2 线变送器 | — | — | ・ 诊断中断 | — | — |
| －4 线变送器 | 有 | — | 诊断 | — | — |
| ・ 测量电流 | | | 输出范围 | | |
| －2 线补偿 | — | 有 | ・ 电压输出 | 0～10 V | 0～10 V |
| －3 线补偿 | — | 有 | ・ 电流输出 | 0～20 mA | — |
| －4 线补偿 | — | 有 | 负载阻抗 | | |
| 与背板总线隔离 | 无 | 有 | ・ 电压输出,最小 | 5 kΩ | 2.5 kΩ |
| 每通道转换时间/分辨率 | | | ・ 电流输出,最大 | 300 Ω | — |
| | | | ・ 电容负载,最大 | 1 μF | 1 μF |
| ・ 积分时间（所有通道） | | 85 ms | ・ 电感负载,最大 | 1 mH | — |
| ・ 分辨率 | 8 位 | 12 位 | 电压输出 | | |
| 电流输出 | | | ・ 短路保护 | 有 | 有 |
| ・ 开路电压,最大 | 15 V | — | ・ 短路电流 | 11 mA | 10 mA |
| 与背板总线隔离 | 无 | 有 | 基本误差限制(在 25 ℃对应于输出范围) | | |
| 分辨率 | 8 位 | 12 位 | ・ 电压 | ±0.4% | ±0.85% |
| 扫描时间（所有通道/Al+AO） | 5 ms | 85 ms | ・ 电流 | ±0.8% | — |
| 短时恢复时间 | | | 电缆长度（屏蔽）,最大 | 200 m | 100 m |
| ・ 电阻负载,最大 | 0.3 ms | 0.8 ms | 电流消耗 | | |
| ・ 电容负载,最大 | 3 ms | 0.8 ms | ・ 从背板总线,最大 | 55 mA | 60 mA |
| ・ 电感负载,最大 | 0.3 ms | — | ・ 从 L+ | 110 mA | 80 mA |
| 可分配替换值 | — | — | 功率损失,典型值 | 2.6 W | 2 W |
| 运行极限（组对于输出范围） | | | 测试电压 | | 500 V DC |
| | | | 所需前连接器 | 20 针 | 20 针 |
| ・ 电压 | ±0.6% | ±1.0% | 尺寸(W×H×D)/ (mm×mm×mm) | 40×125×120 | 40×125×120 |
| ・ 电流 | ±1.0% | | 质量 | 285 g | 200 g |

表 5-8　SM335 模拟量输入/输出模块技术参数

| 技术规范 | | 运行极限(整个温度范围内) | |
|---|---|---|---|
| 模板特性数据 | | • 电压测量 | ±0.15%(14位分辨率) |
| 输入点数 | 4 | • 电流测量 | 0.25% |
| 输出点数 | 4 | 基本误差限制(25 ℃时的运行极限,对应于输出范围) | ±0.13%(14位分辨率) |
| 电缆长度,屏蔽 | 200 m | | |
| 在0~10 V范围内进行断线监视 | 30 m | 温度误差(对应于输入范围) | ±0.1%(14位分辨率) |
| 电压、电流、电势 | | 线性误差(对应于输入范围) | ±0.015% |
| 额定负载电压 | 24 V DC | 编码器选择数据 | |
| 反极性保护 | 有 | 输入范围(额定值)/输入阻抗 | |
| 电隔离 | 有 | | ±1 V;±10 V; |
| 允许的电势差 | | | ±2.5 V;0~2 V; |
| • 输入之间(Ucm) | 3 V | • 电压 | 0~10 V;10 MΩ |
| • 输入(M端子)与中央接地点 | 75 V DC | | |
| • 绝缘测试电压 | 5 000 V DC | | ±10 mA;0~20 mA; |
| 电流消耗 | | • 电流 | 4~20 mA;100 Ω |
| • 从S7-300背板总线,最大 | 75 mA | | |
| • 从L+,最大 | 150 mA | 电压输入时允许的输入电压 | ±30 V |
| 功耗,最大 | 3.6 W | 电流输入时允许的输入电流 | 25 mA |
| 状态、中断、诊断 | | 连接信号编码器 | |
| 中断 | | • 用于电压测量 | 可以 |
| • 极限值中断 | 无 | • 用于电流测量 | |
| • 周期循环结束中断 | 有,可参数化 | —2线变送器 | 不可以 |
| • 诊断中断 | 有,可参数化 | —4线变送器 | 可以 |
| 诊断功能 | | • 用于电阻测量 | 不可以 |
| • 组故障显示 | 有,红色LED | 位变送器提供输出(防短路) | 10 V/25 mA |
| • 读取诊断信息 | 可以 | 编码器电源输出数据 | |
| 模拟值生成 | | 额定电 | 10 V |
| 测量原理 | 逐次逼近式 | 输出电流,最大 | 25 mA |
| 每通道转换时间 | 200 μs | 短路保护 | 有 |
| • 4个通道基本转换时间 | 最大 1 ms | 运行极限(整个温度范围内) | 0.2% |
| 分辨率 | | 温度误差 | 0.002%/K |
| • 双极性 | 13位+符号位 | 额定电压的基本误差 | 0.1% |
| • 单极性 | 14位 | 输出 | |
| 模拟量输入输入间干扰 | | 分辨率 | |
| • 50 Hz时 | 65 dB | • ±10 V | 11位+符号位 |
| • 60 Hz时 | 65 dB | • 0~10 V | 12位 |
| 输入间干扰 | 40 dB | 每个通道转换时间,最大 | 800 μs |
| 可切换替换值 | 可以 | 稳定时间 | |
| 运行极限(整个温度范围内) | 0.5% | 阻性负载 | <0.1 ms |
| 基本误差限制(25 ℃时的运行极限,对应于输出范围) | 0.2% | 容性负载 | <3.3 ms |
| | | 感性负载 | <0.5 ms |
| 线性误差(对应于输入范围) | ±0.05% | 电压输出 | |
| 输出纹波(对应于输入范围) | ±0.05% | • 短路保护 | 有 |
| 执行器选择数据 | | • 短路电流,最大 | 8 mA |
| 输入范围(额定值) | ±10 V 和 0~10 V | 连接用于电压输出的执行器 | |
| 负载阻抗 | | • 2线连接 | 可以 |
| • 用于电压输出,最小 | 3 kΩ | • 4线连接 | 不可以 |
| • 用于电容负载,最大 | 1 μF | 尺寸(W×H×D)/(mm×mm×mm) | 40×125×120 |
| • 用于电感负载,最大 | 1 mH | 质量(约) | 300 g |

## 5.1.5　电源模块

有多种电源模块可以为 S7 - 300 PLC 和需要 DC 24 V 的传感器或执行器供电,例如 PS305、PS307。PS305 电源模块是直流供电,PS307 电源模块是交流供电。PS30 电源模块将 AC 120/230 V 电压转换为 DC 24 V 电压,输出电流有 2 A、5 A 或 10 A 三种。

电源模块安装在 DIN 导轨上的插槽 1,紧靠在 CPU 或扩展机架上 IM361 的左侧,用电源连接器连接到 CPU 或 IM361 上。

PS307 电源模块的外形如图 5 - 16 所示,其浮动参考电位如图 5 - 17 所示。模块的输入和输出之间有可靠的隔离,输出正常电压 DC 24 V 时,绿色 LED 亮;输出过载时 LED 闪烁;输出电流大于模块额定输出电流时,电压跌落,跌落后自动恢复。输出短路时输出电压消失,短路消失后电压自动恢复。

图 5 - 16　PS307 电源模块的外形图

电源模块除了给 CPU 模块提供电源外,还要给输入/输出模块提供 DC 24 V 电源。

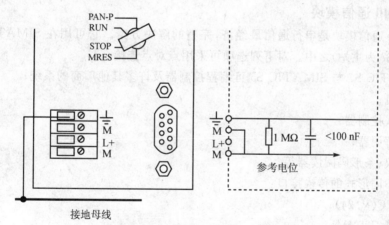

图 5 - 17　S7 - 300 的浮动参考电位

CPU 模块上的 M 端子(系统的参考点)一般是接地的,接地端子与 M 端子用短接片连接。某些大型工厂(例如化工厂和发电厂)为了监视对地的短路电流,可能采用浮动参考电位,这时应将 M 点与按地点之间的短接片去掉,可能存在的干扰电流通过集成在 CPU 中 M 点与接地点之间的 RC 电路(如图 4 - 17 所示)对接地母线放电。

## 5.1.6　接口模块

IM360/361/365 用于连接多机架配置的 SIMATIC S7 - 300 的机架,允许以多机架配置来安装 S7 - 300(CPU314 以上),包括一个中央机架(CR)和最多三个扩展机架(ER),各机架通过接口模块互连。

IM365 用于一个中央机架和一个最多有 8 个模块的扩展机架的配置中；IM360/361 用于一个中央机架和最多三个扩展机架，每个扩展机架最多含有 8 个模块的配置中。

IM360/361/365 接口模块的技术参数如表 5－9 所列。

表 5－9　IM360/361/365 接口模块的技术参数

| 接口模块 | IB365 | IM360 | IM361 |
|---|---|---|---|
| 每个 CPU 的接口模块，最多 | 1 对 | 1 | 3 |
| 电源（外部） | — | — | 24 V DC |
| 电流消耗 | | | |
| · 24 V DC | — | — | 0.5 A |
| · 内部总线（5 V） | 100 mA | 350 mA | — |
| 功率消耗（典型） | 0.5 W | 2 W | 5 W |
| 尺寸（W×H×D）/(mm×mm×mm) | 40×125×120 | 40×125×120 | 80×125×120 |
| 质量（约） | 580 g（总重） | 225 g | 505 g |

## 5.1.7　通信模块

通信模块有 CP340/341/342/343，可完成扩展中央处理单元的通信任务。

### 1. CP 340 通信模块

① CP340 通信模块是串行通信最经济、完整的解决方案。它可用在 SIMATIC S7－300 和 ET200M（S7 为主站）之中。对下列选项可采用点对点连接：

- SIMATIC S7 与 SIMATIC S5 可编程控制器及许多其他厂商的系统；
- 打印机；
- 机器人控制器；
- 调制解调器；
- 扫描仪、条形码阅读器等。

② 三种不同形式的传输接口：

- RS232C(V. 24)；
- 20 mA(TTY)；
- RS422/RS485(X. 27)。

### 2. CP341 通信模块

① CP341 通信模块通过点对点连接，用于高速、强大的串行数据交换，以减轻 CPU 的负担。对下列选项可采用点对点连接：

- SIMATIC S7 与 SIMATIC S5 可编程控制器及许多其他厂商的系统；
- 打印机；
- 机器人控制器；
- 调制解调器；
- 扫描仪、条形码阅读器等。

② 三种不同形式的传输接口：

- RS232C(V. 24)；
- 20 mA(TTY)；
- RS422/RS485(X. 27)。

### 3. CP343 - 2 通信模块

CP343 - 2 通信模块用于 S7 - 300 PLC 和分布式 I/O ET200 的 AS - i 主站。它具有以下功能：

- 最大可连接 62 个 AS - i 从站，集成的模拟量值传送；
- 支持所有符合扩展的 AS - i 规范 V2.1 的 AS - i 主站功能；
- 在前面板上用 LED 显示从站的运行状态和运行准备信息；
- 在前面板上用 LED 显示错误信息(例如 AS - i 电压错误，组态错误)；
- 紧凑的外壳，符合 SIMATIC S7 - 300 的设计。

CP343 - 2 通信模块是连接 S7 - 300 PLC 和分布式 I/O ET200M 的 AS - i 主站。通过连接 AS - i 接口，每个 CP 最多可访问 248 个 DI/186 个 DO。通过内部集成的模拟量值处理程序，可以对模拟量值进行处理。

### 4. CP342 - 5 通信模块

CP342 - 5 通信模块的主要功能如下：

- 用于连接 S7 - 300 和 C7 到 PROFIBUS - DP 的主/从站接口模块，最高 12 Mbit/s；
- 通过 FOC 接口直接连接到光纤 PROFIBUS 网络中；
- 通过 S7 路由在网络间进行 PG/OP 通信；
- 通过 PROFIBUS 简单地进行配置和编程；
- 不用 PG 可以更换模块；
- 通信服务：PROFIBUS-DP，S7 通信功能，S5 兼容通信功能，发送/接收；
- PG/OP 通信。

CP342 - 5 通信模块用于连接 S7 - 300 和 C7 到 PROFIBUS-DP 总线系统的低成本模块，它减少 CPU 的通信任务，同时支持其他的通信连接。

其他通信模块还有 CP342 - 5 FO，CP343 - 5，CP343 - 1，CP343 - 1 IT，CP343 - 1 PN。根据实际需要完成不同的通信任务，使用时读者可参考相关的使用手册，这里就不再赘述。

## 5.1.8　其他功能模块

### 1. 计数器模块

#### (1) 计数器模块的共同性能

模块的计数器均为 0～32 位或 31 位加减计数器，可以判断脉冲的方向，模块给编码器供电。有比较功能，当达到比较值时，通过集成的数字量输出响应信号，或通过背板总线向 CPU 发出中断。可以 2 倍频和 4 倍频计数，4 倍频是指在两个互差 90°的 A、B 相信号的上升沿、下降沿都计数。通过集成的数字量输入直接接收启动、停止计数器等数字量信号。

#### (2) FM350 - 1 计数器模块

FM350 - 1 是智能化的单通道计数器模块，可以检测最高达 500 kHz 的脉冲，有连续计数、单向计数、循环计数 3 种工作模式。有 3 种特殊功能：设定计数器、门计数器和用门功能控制计数器的启/停。达到基准值、过零点和超限时可以产生中断。有 3 个数字量输入,2 个数字量输出。FM350 - 1 计数器模块的外形如图 5 - 18 所示。

**(3) FM350 - 2 计数器模块**

FM350 - 2 是 8 通道智能型计数器模块,有 7 种不同的工作方式:连续计数、单次计数、周期计数、频率测量、速度测量、周期测量和比例运算。

对于 24 V 增量编码器,计数的最高频率为 10 kHz;对于 24 V 方向传感器,24 V 启动器和 NAMUR 编码器,为 20 kHz。FM350 - 2 计数器模块的外形如图 5 - 19 所示。

图 5 - 18　FM350 - 1 外形图

图 5 - 19　FM350 - 2 外形图

**(4) CM35 计数器模块**

CM35 是 8 通道智能计数器模块,可以执行通用的计数和测量任务,也可以用于最多 4 轴的简单定位控制。CM35 有 4 种工作方式:加计数或减计数、8 通道定时器、8 通道周期测量和 4 轴简易定位。8 个数字量输出点用于对模块的高速响应输出,也可以由用户程序指定输出功能,计数频率每通道最高 10 kHz。CM35 计数器模块的外形如图 5 - 20 所示。

**2. 位置控制与位置检测模块**

**(1) 位置控制模块概述**

FM351 双通道定位模块用于控制对动态调节特性要求高的轴的定位,该模块用于控制变级调速电动机或变频器。

定位模块可以用编码器来测量位置并向编码器供电,使用步进电动机的位置控制系统,一般不需要位置测量,建议

图 5 - 20　CM35 外形图

时钟脉冲速率高和对动态调节特性要求高的定位系统选用 FM353 步进电动机定位模块。对于不但要求很高的动态性能,而且要求高精度的定位系统,最好使用 FM354 伺服电动机定位模块。

FM357 可以用于最多 4 个插补轴的协同定位,既能用于伺服电动机也能用于步进电动机。

在定位控制系统中,定位模块控制步进电动机或伺服电动机的功率驱动器,CPU 模块用于顺序控制和启动、停止定位操作,计算机用集成在 STEP 7 中的参数设置屏幕格式,对定位模块进行参数设置,并建立运动程序,设置的数据存储在定位模块中。操作面板在运行时用来实现人机接口与故障诊断功能。CPU 或组态软件选择目标位置或移动速度,定位模块完成定位任务,用模块集成的数字量输出点来控制快速进给、慢速进给和运动方向等。根据与目标的距离,确定慢速进给或快速进给,定位完成后给 CPU 发出一个信号。定位模块的定位功能独立于用户程序。

**(2) FM351 快速/慢速进给驱动位置控制模块**

FM351 是双通道定位模块,可以控制两个相互独立的轴的定位。有下述定位功能:

① 设置:按点动按钮来操作快速移动或慢速移动,使轴到达准确位置(微动方式)。

② 绝对增量方式:轴移动到一个绝对的目标位置,数值存储在 FM351 的表格中。

③ 相对增量方式:轴移动一个预设的距离。

④ 参考点方式:使用增量式编码器时,接通控制器后同步用。

特殊功能包括零点偏置、设定基准点和删除剩余行程。FM 351 位置控制模块的外形如图 5 - 21 所示。

**(3) FM352 电子凸轮控制器**

FM352 高速电子凸轮控制器是机械式凸轮控制器的低成本替代产品,它有 32 个凸轮轨迹,13 个集成的数字输出端用于动作的直接输出,采用增量式编码器或绝对式编码器。

FM352 用编码器检测位置,通过集成的输出端触发控制指令。

S7 - 300 CPU 用于顺序控制、凸轮处理的启动和停止、凸轮参数的传输和凸轮轨迹分析。

凸轮个数可以设置为 32、64 和 128 个。凸轮可以被定义为位置凸轮或时间凸轮,可以改变凸轮的方向,为每个凸轮提供动态补偿。FM352 具有下列特殊功能:长度测量、设定基准点和实际值、零点补偿、改变凸轮的轨迹,可以进行仿真。FM352 电子凸轮控制器的外形如图 5 - 22 所示。

图 5 - 21　FM351 外形图

图 5 - 22　FM352 外形图

**(4) FM352 - 5 高速布尔处理器**

FM352 高速布尔处理器高速地进行布尔控制(即数字量控制),集成了 12 点数字量输入和 8 点数字量输出,指令集包括位指令、定时器、计数器,分频器、频率发生器和移位寄存器指令。1 个通道用于连接 24 V 增量式编码器,1 个 5 V 编码器(RS 422)或一个串口绝对值编码器。FM352-5 高速布尔处理器的外形如图 5-23 所示。

**(5) FM353 步进电动机定位模块**

FM353 是在高速机械设备中使用的步进电动机定位模块。它可以满足从简单的点到点定位,到对响应、精度和速度有极高要求的复杂运动模式。它将脉冲传送到步进电动机的功率驱动器,通过脉冲数量控制移动距离,用脉冲的频率控制移动速度。

FM353 有使用按钮的点动模式和增量模式,有手动数据输入功能,自动/单段控制用于运行复杂的定位路径。FM353 具有下列特殊功能:长度测量、变化率限制、运行中设置实际值、通过高速输入使定位运动启动或停止。FM353 步进电动机定位模块的外形如图 5-24 所示。

图 5-23　FM352-5 外形图　　　　图 5-24　FM353 外形图

**(6) FM354 伺服电动机定位模块**

FM354 是在高速机械设备中使用的伺服电动机的智能定位模块,用于从点到点定位任务到对响应、精度和速度要求极高的复杂运动方式。它用模拟驱动接口(-10~+10V)控制驱动器,利用编码器检测的轴位置来修正输出电压。FM354 与 FM353 的工作模式和定位功能相同,FM354 与 FM353 的外形也相似。

**(7) FM357-2 定位和连续路径控制模块**

模块用于从独立的单独定位轴控制到最多 4 轴直线、圆弧插补连续路径控制。可以控制步进电动机或伺服电动机。4 个测量回路用于连接伺服轴、步进驱动器或外部主轴。

可以通过联动运动或曲线图表(电子曲线盘)进行轴同步,也可以通过外部主信号实现。采用编程或软件加速的运动控制和可转换的坐标系统,有高速再启动的特殊急停程序。有点动、增量进给、参考点、手动数据输入、自动和自动单段等工作方式。FM357-2 定位和连续路径控制模块的外形如图 5-25 所示。

**(8) FM STEPDRIVE 步进电动机功率驱动器**

它与 FM353,FM357-2 定位模块配套使用,用来控制 5~600 W 的步进电动机。FM STEPDRIVE 步进电动机功率驱动器模块的外形如图 5-26 所示。

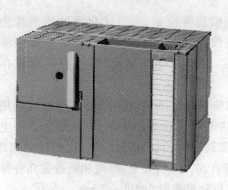

图 5 - 25　FM357 - 2 外形图

图 5 - 26　FM STEPDRIVE 步进电动机功率驱动器外形图

**(9) SM338 超声波位置解码器模块**

SM338 用超声波传感器检测位置,具有无磨损、保护等级高、精度稳定不变、与传感器的长度无关等优点。模块最多接 4 个传感器,每个传感器最多有 4 个测量点,测量点数最多 8 个。测量范围 3~6 m,分辨率 0.05 mm(测量范围最多 3 m)或 0.1 m,可编程的测量时间为 0.5~16 ms。RS422 接口抗干扰能力强,电缆最长 50 m。SM338 超声波位置解码器模块外形如图 5 - 27 所示。

**(10) SM338 位置输入模块**

SM338 位置输入模块,可以提供最多 3 个绝对值编码器(SSI)和 CPU 之间的接口,将 SSI 的信号转换为 S7 - 300 的数字值,可以为编码器提供 DC 24 V 电源。此外,还可以提供两个内部数字输入点,将 SSI 位置编码器的状态锁住,可以在位置编码区域内处理对时间要求很高的应用内容。SM338 位置输入模块外形如图 5 - 28 所示。

图 5 - 27　SM338 超声波位置解码器模块外形图　　图 5 - 28　SM338 位置输入模块外形图

129

### 3．闭环控制模块

#### (1) FM355 闭环控制模块

FM355 有 4 个闭环控制通道，用于压力、流量和液位等控制，有自优化温度控制算法和 PID 算法。FM355C 是有 4 个模拟量输出端的连续控制器，FM355S 是有 8 个数字输出点的步进或脉冲控制器。CPU 停机或出现故障后，FM355 仍能继续运行，控制程序存储在模块中。

FM355 的 4 个模拟量输入端用于采集模拟数值和前馈控制，附加的一个模拟量输入端用于热电偶的温度补偿。可以使用不同的传感器，例如热电偶、Pt100 热电阻、电压传感器和电流传感器。FM355 有 4 个单独的闭环控制通道，可以实现定值控制、串级控制、比例控制和 3 分量控制，几个控制器可以集成到一个系统中使用。有自动、手动、安全、跟随和后备这几种操作方式。12 位分辨率时的采样时间为 20～100 ms，14 位分辨率时为 100～5 ms。

自优化温度控制算法存储在模块中，当设定点变化大于 12% 时自动启动自优化；可以使用组态软件包对 PID 控制算法进行优化。

CPU 有故障或 CPU 停止运行时控制器可以独立地继续控制，为此在"后备方式"功能中，设置了可调的安全设定点或安全调节变量。

FM355 可以读取和修改模糊温度控制器的所有参数，或在线修改其他参数。FM355 闭环控制模块外形如图 5－29 所示。

#### (2) FM355－2 闭环控制模块

FM355－2 是适用于温度闭环控制的 4 通道闭环控制模块，可以方便地实现在线自优化温度控制，包括加热、冷却控制以及加热、冷却

**图 5－29  FM355 闭环控制模块外形图**

的组合控制。FM355－2C 是有 4 个模拟量输出端的连续控制器，FM355－2S 是有 8 个数字输出端的步进或脉冲控制器。CPU 停机或出现故障后，FM355 仍能继续运行。FM355－2 模块外形与 FM355 模块外形相同。

### 4．称重模块

#### (1) SIWAREX U 称重模块

SIWAREX U 称重模块，是紧凑型电子秤，用于化学工业和食品工业等行业来测定料仓和贮斗的料位。对起重机载荷进行监控，对传送带载荷进行测量或对工业提升机、轧机超载进行安全防护等。可以作为功能模块集成到 S7/M7－300 中，也可以通过 ET 200M 连接到 S7 系列 PLC。

SIWAREX U 有下列功能：衡器的校准、重量值的数字滤波、重量测定、衡器置零、极限值监控和模块的功能监视，模块有多种诊断功能。

SIWAREX U 有单通道和双通道两种型号，分别连接 1 台或 2 合衡器。SIWAREX U 有两个串行接口，RS232C 接口用于连接设置参数用的计算机，TTY 接口用于连接最多 4 台数字式远程显示器。模块的参数可以用组态软件 SIWATOOL 设置，并存入磁盘。SIWAREX U 称重模块外形如图 5－30 所示。

### (2) SIWAREX M 称重模块

SIWAREX M 称重模块是有校验能力的电子称重和配料单元。可以用它组成多料秤称重系统,能准确无误地关闭配料阀,达到最佳的配料精度。它可以作为功能模块集成到 S7/M7-300,可以通过 ET 200M 连接到 S5/S7 系列 PLC。

SIWAREX M 有下列功能:置零和称皮重、自动零点追踪、设置极限值(Min/Max/空值/过满)、操纵配料阀(粗/精配料)、称重静止报告和配料误差监视。

SIWAREX M 可以安装在易爆区域,可选的 Ex-i 接口保证对称重传感器的馈电符合本征安全条件,SIWAREX M 还可以作为独立于 PLC 的现场仪器使用。它有一个称重传感器通道,3 个数字输入端和 4 个数字输出端用于选择称重功能,1 个模拟量输出端用于连接模拟显示器或在线记录仪等。RS232C 串行接口用于连接 PC 机或打印机,TTY 串行接口用于连接有校验能力的数字远程显示器或主机。SIWAREX M 称重模块外形如图 5-31 所示。

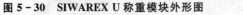

**图 5-30　SIWAREX U 称重模块外形图**　　　**图 5-31　SIWAREX M 称重模块外形图**

### 5. SM374 仿真模块

仿真模块 SM374 用于调试程序,用开关来模拟实际的输入信号,用 LED 显示输出信号的状态。模块上有一个功能设置开关,可以仿真 16 点输入、16 个点输出,或 8 点输入/8 点输出,具有相同的起始地址。

用 STEP 7 给仿真模块的参数赋值时,应使用被仿真的模块的型号。例如,SM374 被设置为 16 点输入时,组态时应输入某一 16 点数字量输入模块的订货号。SM374 仿真模块外形如图 5-32 所示。

### 6. DM370 占位模块

占位模块 DM370 给未参数化的信号模块保留一个插槽,如果用一个信号模块替换占位模块,整个配置和地址设置保持不变,占用两个插槽的模块,必须使用两个占位模块。

模块上有一个开关,开关在 NA 位置时,占位模块为一个接口模块保留插槽,NA 表示没有地址,即不保留地址空间,不用 STEP 7 进行组态。

开关在 A 位置时,占位模块为一个信号模块保留插槽,A 表示保留地址,需要用 STEP 7

对占位模块进行组态。DM370 占位模块外形如图 5-33 所示。

图5-32　SM374 仿真模块外形图　　　　图5-33　DM370 占位模块外形图

# 5.2　S7-300 的扩展及 I/O 地址分配

## 5.2.1　S7-300 的扩展

　　S7-300 PLC 由安装在导轨上的模块集合而成,这就带来了可扩展规模的问题。S7-300 的扩展能力如图 5-34 所示。图中可以看出,S7-300 CPU 最多可以带 32 个扩展模块,每根导轨上最多可以有 8 个扩展模块,不同导轨之间需要通过接口模块 IM 来延续总线。电源 PS、CPU 和接口模块 IM 在导轨上的位置是固定的,顺次占 1、2、3 槽。其他模块在 4～11 槽之间可以自由安排槽位。

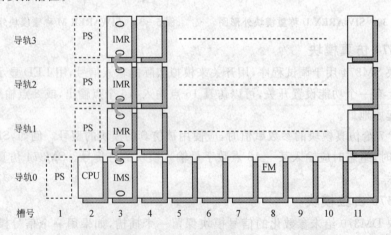

图5-34　S7-300 的扩展能力

## 5.2.2　S7-300 的 I/O 地址分配

　　S7-300 PLC 原则上采用槽位与地址相对应的固定编址方式。槽位与地址的对应关系如

图 5 - 35 所示。

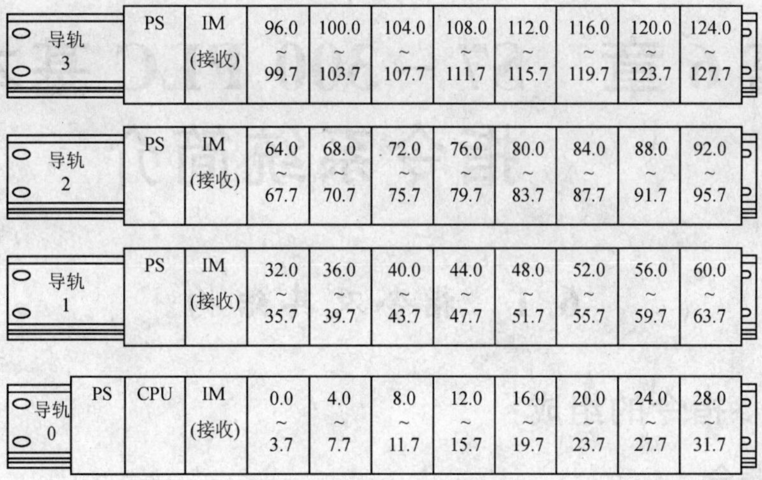

| 导轨 3 | PS | IM (接收) | 96.0 ~ 99.7 | 100.0 ~ 103.7 | 104.0 ~ 107.7 | 108.0 ~ 111.7 | 112.0 ~ 115.7 | 116.0 ~ 119.7 | 120.0 ~ 123.7 | 124.0 ~ 127.7 |
| --- | --- | --- | --- | --- | --- | --- | --- | --- | --- | --- |
| 导轨 2 | PS | IM (接收) | 64.0 ~ 67.7 | 68.0 ~ 70.7 | 72.0 ~ 75.7 | 76.0 ~ 79.7 | 80.0 ~ 83.7 | 84.0 ~ 87.7 | 88.0 ~ 91.7 | 92.0 ~ 95.7 |
| 导轨 1 | PS | IM (接收) | 32.0 ~ 35.7 | 36.0 ~ 39.7 | 40.0 ~ 43.7 | 44.0 ~ 47.7 | 48.0 ~ 51.7 | 52.0 ~ 55.7 | 56.0 ~ 59.7 | 60.0 ~ 63.7 |
| 导轨 0 | PS / CPU | IM (接收) | 0.0 ~ 3.7 | 4.0 ~ 7.7 | 8.0 ~ 11.7 | 12.0 ~ 15.7 | 16.0 ~ 19.7 | 20.0 ~ 23.7 | 24.0 ~ 27.7 | 28.0 ~ 31.7 |

图 5 - 35　DI/DO 地址表

　　每个槽位占 4 Byte(32 bit),而不管实际的 I/O 点数是否与之相同。至于具体的地址是输入(I)还是输出(O),则取决于插在槽上的是输入模块还是输出模块。例如,插在 0 号导轨 4 号槽位上的是开关量输入模块 SM321:DI16,则该模块对应占用的地址为 I0.0、I0.1……I0.7,I1.0、I1.1……I1.7,而 I2.0……I3.7 的地址就空了。插在 0 号导轨 5 号槽位上的是开关量输出模块 SM322:DO32,则该模块对应占用的地址为 Q4.0~Q7.7。

　　模拟量模块以通道为单位,一个通道占一个字的地址,或两个字地址。例如模拟量输入通道 IW640 由字节 IB640 和 IB641 组成。S7 - 300 为模拟量模块保留了专用的地址区域,字节地址范围为 IB256~767。例如,插在 0 号导轨 4 号槽位上的是 SM331:AI8,则该模块占用的地址为 IB256~IB271。可以用装载指令和传送指令访问模拟量模块。

　　一个模拟量模块最多有 8 个通道,从 256 开始,每一个槽位,给每一个模拟量模块分配 8 个字的地址。

　　S7 - 400 和部分的 S7 - 300 CPU 允许用户在硬件组态时自由设置模块对应的地址。

# 第6章　S7 - 300 PLC 基本指令系统简介

## 6.1　指令及其结构

### 6.1.1　指令的组成

**1. 语句指令**

一条指令由一个操作码和一个操作数组成,操作数由标识符和参数组成。操作码定义要执行的功能;操作数为执行该操作所需要的信息。例如,"A　I 1.0"是一条位逻辑操作指令。其中:"A"是操作码,它表示执行"与"操作;"I 1.0"是操作数,对输入继电器 I 1.0 进行操作。

有些语句指令不带操作数。它们操作的对象是唯一的。例如:NOT(表示对逻辑操作结果(RLO)取反)。

**2. 梯形逻辑指令**

梯形逻辑指令用图形元素表示 PLC 要完成的操作。在梯形逻辑指令中,其操作码是用图素表示的。该图素形象表明 CPU 做什么,其操作数的表示方法与语句指令相同。例如,"——(　)　Q 4.0",其中,"——(　)"可认为是操作码,表示一个二进制赋值操作,Q 4.0 是操作数,表示赋值的对象。

梯形逻辑指令也可不带操作数。例如,"——|NOT|——"是对逻辑操作结果取反的操作。

### 6.1.2　操作数

**1. 标识符及表示参数**

一般情况下,指令的操作数在 PLC 的存储器中,此时操作数由操作数标识符和参数组成。操作数标识符由主标识符和辅助标识符组成。主标识符表示操作数所在的存储区,辅助标识符进一步说明操作数的位数长度。若没有辅助标识符则表明操作数的位数是一位。

主标识符有:I(输入过程映像存储区),Q(输出过程映像存储区),M(位存储区),PI(外部输入),PQ(外部输出),T(定时器),C(计数器),DB(数据块),L(本地数据)。

辅助标识符有:X(位),B(字节),W(字,2 字节),D(双字,4 字节)。

PLC 物理存储器是以字节为单位的,所以存储单元规定为字节单元。位地址参数用一个点与字节地址分开。如:M　10.1。

当操作数长度是字或双字时,标识符后给出的标识参数是字或双字内的最低字节单元号。当使用宽度为字或双字的地址时,应保证没有生成任何重叠的字节分配,以免造成数据读写错误。如:MW10 包含 MB10 和 MB11。

### 2. 操作数的表示法

在 STEP 7 中,操作数有两种表示方法:一是物理地址(绝对地址)表示法;二是符号地址表示法。

用物理地址表示操作数时,要明确指出操作数的所在存储区,该操作数的位数和具体位置。例如,Q 4.0。

STEP 7 允许用符号地址表示操作数,如 Q 4.0 可用符号名 MOTOR_ON 替代表示,符号名必须先定义后使用,而且符号名必须是唯一的,不能重名。

定义符号时,需要指明操作数所在的存储区,操作数的位数、具体位置及数据类型。

### 3. 存储区及其功能

存储区及其功能,如表 6 - 1 所列。存储区包括:输入过程映像存储区(I),输出过程映像存储区(Q),位存储器(M),外部输入(PI)/输出(PQ),定时器(T),计数器(C),数据块(DB)和本地数据(L)。

135

表 6 - 1　存储区及其功能

| 名　称 | 功　能 | 标识符 | 最大范围 |
|---|---|---|---|
| 输入过程映像存储区(I) | 在循环扫描开始,从过程中读取输入信号存入本区域,供程序使用 | I<br>IB<br>IW<br>ID | 0～65 535.7<br>0～65 535<br>0～65 534<br>0～65 532 |
| 输出过程映像存储区(Q) | 在循环扫描期间,程序运算得到的输出值存入本区域,在循环扫描的末尾传送至输出模板 | Q<br>QB<br>QW<br>QD | 0～65 535.7<br>0～65 535<br>0～65 534<br>0～65 532 |
| 位存储器(M) | 本区域存放程序的中间结果 | M<br>MB<br>MW<br>MD | 0～255.7<br>0～255<br>0～254<br>0～252 |
| 外部输入(PI) | 通过本区域,用户程序能够直接访问输入模板(外部输入信号) | PIB<br>PIW<br>PID | 0～65 535<br>0～65 534<br>0～65 532 |
| 外部输出(PQ) | 通过本区域,用户程序能够直接访问输出模板(外部输出信号) | PQB<br>PQW<br>PQD | 0～65 535<br>0～65 534<br>0～65 532 |
| 定时器(T) | 访问本区域可得到定时剩余时间 | T | 0～255 |
| 计数器(C) | 访问本区域可得到当前计数器值 | C | 0～255 |

| 名　称 | 功　能 | 标识符 | 最大范围 |
|---|---|---|---|
| 数据块(DB) | 本区域包含所有数据数据块的数据 | DBX | 0～65 535.7 |
| | | DBB | 0～65 535 |
| | | DBW | 0～65 534 |
| | | DBD | 0～65 532 |
| | | DIX | 0～65 535.7 |
| | | DIB | 0～65 535 |
| | | DIW | 0～65 534 |
| | | DID | 0～65 532 |
| 本地数据(L) | 本区域存放逻辑块(OB、FB 或 FC)中使用的临时数据。当逻辑块结束时，数据丢失 | L | 0～65 535.7 |
| | | LB | 0～65 535 |
| | | LW | 0～65 534 |
| | | LD | 0～65 532 |

## 6.1.3　寻址方式

操作数是指令的操作或运算对象。所谓寻址方式是指令得到操作数的方式，可以直接给出或间接给出。

STEP 7 指令操作对象的有：常数，S7 状态字中的状态位，S7 的各种寄存器、数据块，功能块 FB、FC 和系统功能块 SFB、SFC，S7 的各存储区中的单元。

S7 有四种寻址方式：立即寻址、存储器直接寻址、存储器间接寻址和寄存器间接寻址。

### 1. 立即寻址

这是对常数或常量的寻址方式。操作数本身直接包含在指令中。下面是立即寻址的例子：

| | | |
|---|---|---|
| SET | | // 把 RLO 置 1 |
| OW | W#16#A320 | //将常量 W#16#A320 与累加器 1"或"运算 |
| L | 27 | // 把整数 27 装入累加器 1 |
| L | ´ABCD´ | // 把 ASCII 码字符 ABCD 装入累加器 1 |
| L | C#0100 | // 把 BCD 码常数 0100 装入累加器 1 |

### 2. 直接寻址

包括对寄存器和存储器的直接寻址。在直接寻址的指令中，直接给出操作数的存储单元地址。例如：

| | | |
|---|---|---|
| A | I 0.0 | //对输入位 I 0.0 进行"与"逻辑操作 |
| S | L 20.0 | // 把本地数据位 L 20.0 置 1 |
| = | M 115.4 | // 使存储区位 M 115.4 的内容等于 RLO 的内容 |
| L | IB 10 | // 把输入字节 IB 10 的内容装入累加器 1 |
| T | DBD 12 | // 把累加器 1 中的内容传送给数据双字 DBD 12 中 |

136

### 3. 存储器间接寻址

在存储器间接寻址的指令中,给出一个存储器(必须是表 4.1 中的存储器)。该存储器的内容是操作数所在存储单元的地址,该地址又被称为地址指针。存储器间接寻址方式的优点是,当程序执行时,能改变操作数的存储器地址,这对程序中的循环尤为重要。

例如:

```
A  I[MD 2]          //对由 MD 2 指出的输入位进行"与"逻辑操作。如:MD 2 的值为
                    //2#0000 0000 0000 0000 0000 0000 0101 0110
```

则是对 I 10.6 进行"与"操作。

### 4. 寄存器间接寻址

在 S7 中有两个地址寄存器,它们是 AR1 和 AR2。通过地址寄存器,可以对各存储区的存储器内容实现寄存器间接寻址。地址寄存器的内容加上偏移量形成地址指针,该指针指向数值所在的存储单元。

地址寄存器存储的地址指针有两种格式:区域内寄存器间接寻址、区域间寄存器间接寻址。其长度均为双字。

## 6.1.4　状态字

状态字用于表示 CPU 执行指令时所具有的状态。一些指令是否执行或以何方式执行可能取决于状态字中的某些位;执行指令时也可能改变状态字中的某些位;用户也能在位逻辑指令或字逻辑指令中访问并检测它们。

### 1. 首次检测位(FC)

状态字的位 0 称为首次检测位。若 FC 位的状态为 0,则表明一个梯形逻辑网络的开始,或指令为逻辑串第一条指令。

### 2. 逻辑操作结果(RLO)

逻辑操作结果 RLO(Result of Logic Operation):该存储位逻辑指令或算术比较指令的结果。

### 3. 状态位(STA)

状态位不能用指令检测,它只是在程序测试中被 CPU 解释并使用。

### 4. 或位(O)

状态字的位 3 称或位(OR)。在先逻辑"与"后逻辑"或"的逻辑串中,OR 位暂存逻辑"与"的操作结果,以便进行后面的逻辑"或"运算。其他指令将 OR 位清 0。

### 5. 溢出位(OV)

溢出位被置 1,表明一个算术运算或浮点数比较指令执行时出现错误(包括溢出、非法操作、不规范格式)。

### 6. 溢出状态保持位(OS)

OV 被置 1 时 OS 也被置 1;OV 被清 0 时 OS 仍保持。只有下面的指令才能复位 OS 位:JOS(OS=1 时跳转);块调用和块结束指令。

### 7. 条件码1(CC1)和条件码0(CC0)

状态字的位7和位6称为条件码1和条件码0。这两位结合起来用于表示在累加器1中产生的算术运算或逻辑运算结果与0的大小关系;比较指令的执行结果或移位指令的移出位状态。详见表6-2和表6-3。

表6-2 算术运算后的CC1和CC0

| CC1 | CC0 | 算术运算无溢出 | 整数算术运算有溢出 | 浮点数算术运算有溢出 |
|-----|-----|-----------------|---------------------|------------------------|
| 0 | 0 | 结果=0 | 整数加时产生负范围溢出 | 平缓下溢 |
| 0 | 1 | 结果<0 | 乘负溢出;加、减取负时正溢出 | 负范围溢出 |
| 1 | 0 | 结果>0 | 乘、除时正溢出;加、减时负溢出 | 正范围溢出 |
| 1 | 1 | — | 除时,除数为0 | 非法操作 |

表6-3 比较、移位和循环移位、字逻辑指令后的CC1和CC0

| CC1 | CC0 | 比较指令 | 移位和循环移位指令 | 字逻辑指令 |
|-----|-----|----------|---------------------|-------------|
| 0 | 0 | 累加器2=累加器1 | 移出位=0 | 结果=0 |
| 0 | 1 | 累加器2=累加器1 | — | — |
| 1 | 0 | 累加器2=累加器1 | — | 结果<>0 |
| 1 | 1 | 不规范(只用于浮点数比较) | 移出位=1 | — |

### 8. 二进制结果位(BR)

二进制结果位将字处理程序与位处理联系起来,用于表示字操作结果是否正确(异常)。将 BR 位加入程序后,无论字操作结果如何,都不会造成二进制逻辑链中断。在 LAD 的方块指令中,BR 位与 ENO 有对应关系,用于表明方块指令是否被正确执行:如果执行出现了错误,BR 位为 0,ENO 也为 0;如果功能被正确执行,BR 位为 1,ENO 也为 1。

在用户编写的 FB 和 FC 程序中,必须对 BR 位进行管理,当功能块正确运行后使 BR 位为1,否则使其为0。使用 STL 指令 SAVE 或 LAD 指令——(SAVE),可将 RLO 存入 BR 中,从而达到管理 BR 位的目的。当 FB 或 FC 执行无错误时,使 RLO 为1并存入 BR,否则,在 BR 中存入0。

# 6.2 位逻辑指令

位逻辑指令主要包括:位逻辑运算指令、位操作指令和位测试指令。逻辑操作结果(RLO)用以赋值、置位、复位布尔操作数,也用于控制定时器和计数器的运行。

位逻辑运算指令是"与"(AND)、"或"(OR)、"异或"(XOR)指令及其组合。它对"0"或"1"这些布尔操作数扫描,经逻辑运算后将逻辑操作结果送入状态字的RLO位。

### 1. 基本逻辑指令:与,或

基本指令"与"(AND)、"或"(OR),主要用于处理电路中开关的串联或并联,如图6-1所示。

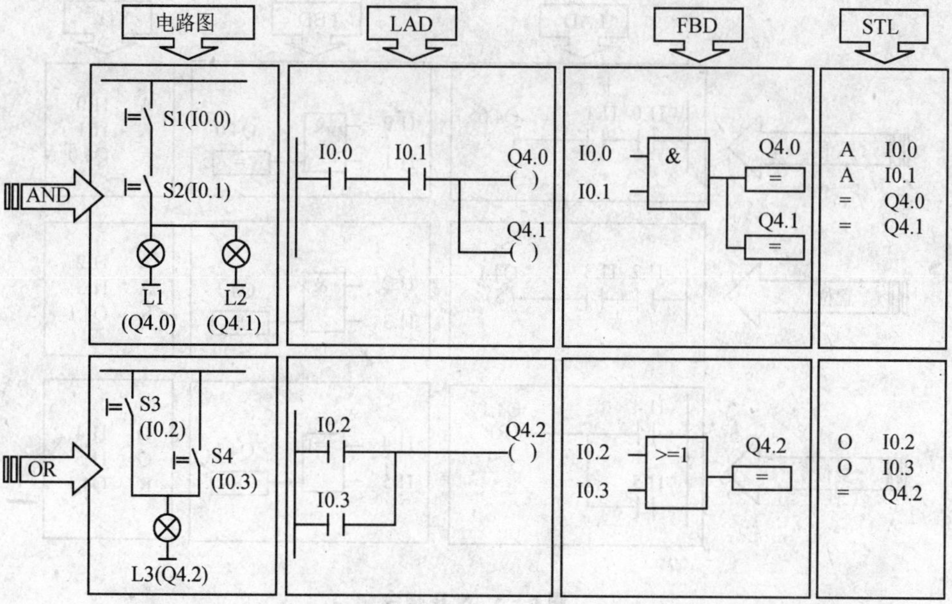

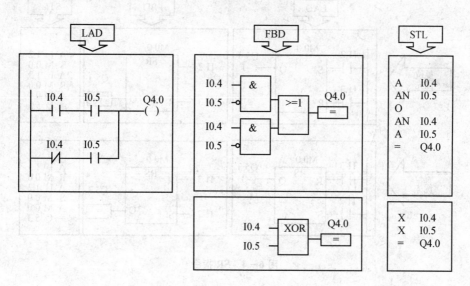

图 6 – 1  AND、OR、＝指令

## 2. 基本逻辑指令：异或(XOR)

异或(XOR)指令，主要用于电路中开关的不同状态，如图 6 – 2 所示。

图 6 – 2  XOR 指令

## 3. 赋值、置位和复位

赋值、置位和复位指令如图 6 – 3 所示。

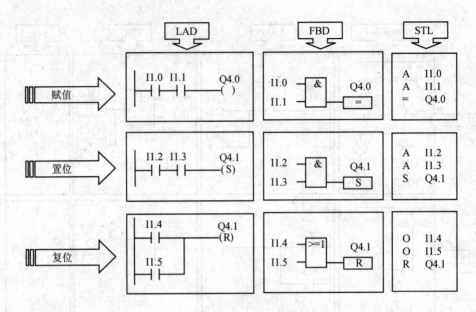

图 6-3   S、R 指令

## 4. 触发器的置位/复位

触发器的置位/复位指令如图 6-4 所示。

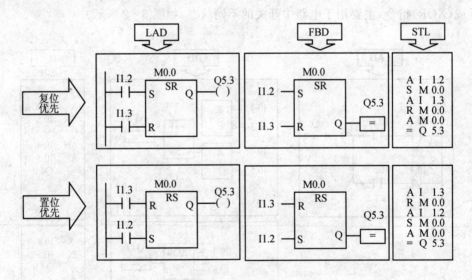

图 6-4   SR 指令

## 5. 中间输出操作

连接器指令如图 6-5 所示。

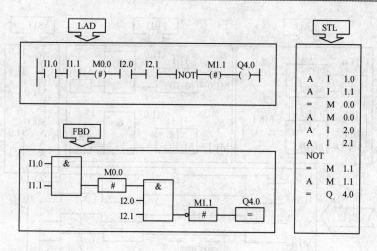

图 6 - 5　连接器

## 6. 上升沿和下降沿脉冲

图 6 - 6 所示是检查 RLO 的上升沿和下降沿,并产生与之相对应的脉冲指令。所谓上升沿是指信号从 0 到 1 的跳变,下降沿是指信号从 1 到 0 的跳变。

图 6 - 6 左上角的 LAD 程序中,当(P)前面的 RLO 有上升沿时,也就是 I1.O 与 I1.1 的逻辑操作结果有上升沿的时候,M8.0 产生一个脉冲,脉冲的宽度是一个扫描期。为了产生这个脉冲,借用了 M1.O。因为 M1.0 在这里被借用了,所以在别的地方就不要再用,否则会影响到脉冲的产生(P 就是 Postive)。

类似地,当(N)前面的 RLO 有下降沿时,也就是 I1.0 与 I1.1 的逻辑操作结果有下降沿的时候,M8.1 产生一个脉冲,脉冲的宽度是一个扫描周期。为了产生这个脉冲,借用了 M1.1。M1.1 在这里被借用了,在别的地方就不要再用,否则会影响到脉冲的产生(N 就是 Negative)。

被借用的 M1.0 和 M1.1 是用来保存上一个扫描周期的 RL0,以便与这一个扫描周期的 RLO 作比较,决定是否有上升沿或下降沿。

图 6 - 7 所示,是检查某个信号的上升沿和下降沿,并产生与之相对应的脉冲的指令。

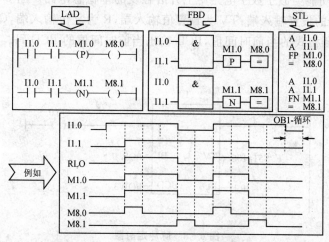

图 6 - 6　上升沿/下降沿脉冲(Ⅰ)

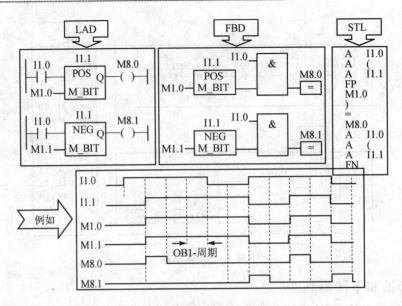

图 6-7　上升沿/下降沿脉冲(Ⅱ)

# 6.3　定时器与计数器指令

## 6.3.1　定时器指令

定时器是 PLC 中的重要部件,用于实现或监控时间序列。定时器是一种由位和字组成的复合单元,定时器的触点由位表示,其定时时间值存储在字存储器中。

S7-300/400 提供的定时器有:脉冲定时器(SP)、扩展定时器(SE)、接通延时定时器(SD)、带保持的接通延时定时器(SS)和断电延时定时器(SF)。

### 1. 脉冲定时器(SP)

脉冲定时器的功能类似于数字电路中上升沿触发的单稳态电路。图 6-8 所示的指令框中,S 为脉冲定时器的设置输入端,TV 为预置值输入端,R 为复位输入端,Q 为定时器位输出端,BI 输出十六进制格式的当前时间值,BCD 输出当前时间值的 BCD 码。图 6-9 为脉冲定时器的时序图。

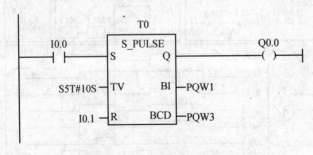

图 6-8　脉冲定时器

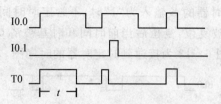

图6-9 脉冲定时器的时序图

## 2. 扩展脉冲定时器(SE)

扩展脉冲定时器(如图6-10所示)各输入输出端的作用与脉冲定时器相同。不同点是当I0.0在定时期间由"1"变为"0"时,扩展脉冲定时器仍继续计时并保持输出状态不变,直到定时器到设置时间为止。图6-11为扩展脉冲定时器的时序图。

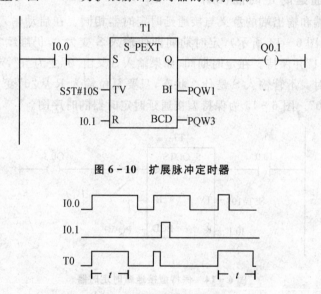

图6-10 扩展脉冲定时器

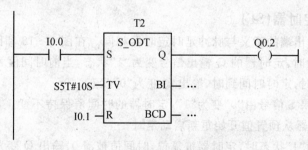

图6-11 扩展脉冲定时器的时序图

## 3. 接通延时定时器(SD)

接通延时定时器是使用得最多的定时器(如图6-12所示),有的厂家的PLC只有接通延时定时器。定时器各输入端和输出端的意义脉冲定时器相同。在启动输入信号S的上升沿,定时器开始定时。在定时期间S的状态一直为"1",定时时间到时,当前时间值变为"0",Q输出端变为"1"状态。如果在定时期间S输入由"1"变为"0",则输出端的信号状态也变为"0"。

图6-12 接通延时定时器

143

R 是复位输入信号,定时器的 S 输入为"1"时,不管定时时间是否已到,只要复位输出 R 由"0"变为"1",定时器都要被复位,复位后当前时间和时基被清 0。如果定时时间已到,复位后输出 Q 由"1"变为"0"。图 6-13 为接通延时定时器的时序图。

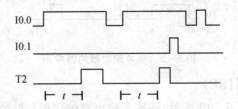

图 6-13 接通延时定时器的时序图

### 4. 保持型接通延时定时器(SS)

定时器各输入端和输出端的意义与接通延时定时器相同。在启动输入信号 S 的上升沿,定时器开始定时(如图 6-14 所示),定时期间即使输入 S 变为 0,仍继续定时。定时时间到时,输出由"0"变为"1"并保持。在定时期间,如果输入 S 又由"0"变为"1",定时器被重新启动,又从预置值开始定时。不管输入 S 是什么状态,只要复位输入 R 从"0"变为"1",定时器就被复位,输出 Q 变为"0"。图 6-15 为保持型接通延时定时器的时序图。

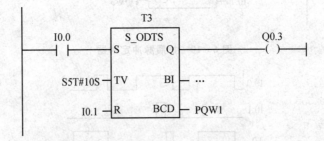

图 6-14 保持型接通延时定时器

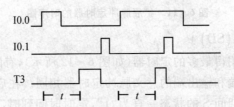

图 6-15 保持型接通延时定时器的时序图

### 5. 断电延时定时器(SF)

定时器各输入输出端的意义与脉冲延时定时器相同。在图 6-16 和图 6-17 中,在启动输入信号 S 的上升沿时,定时器的 Q 输出信号变为"1"状态,当前时间值为 0。在 S 输入的下降沿,定时器开始定时,定时时间到时,输出 Q 变为"0"状态。

在定时期间,如果 S 信号由"0"变为"1",定时器的时间值保持不变。停止定时,如果输入 S 重新变为"0",定时器从预置值开始重新启动定时。

复位输入端为"1"状态时,定时器被复位,时间值被清 0,输出 Q 变为"0"状态。

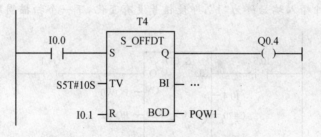

**图 6 - 16　断电延时定时器的时序图**

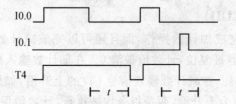

**图 6 - 17　断电延时定时器的时序图**

## 6.3.2　计数器指令

计数器是由表示当前计数值的字及状态的位组成。S7 中的计数器用于对 RLO 正跳沿计数。S7 中有三种计数器:加计数器(S_CU)、减计数器(S_CD)和可逆计数器(S_CUD)。

### 1. 加计数器(S_CU)

在图 6 - 18 的指令框中,S 为计数器的输入端,PV 为预置值输入端,CU 为加计数脉冲输入端,R 为复位输入端;Q 为计数器位输出端,CV 输出十六进制格式的当前计数值,CV_BCD 输出当前计数值的 BCD 码。

输入端 I0.0 有计数脉冲输入,如果计数值小于 999,计数值加 1。复位输入信号 I0.2 为"1"时,计数器复位,计数值被清零。当计数值大于等于预置值时,输出端 Q 为"1"。

计数器中的 CU、S、R、Q 为 BOOL(位)变量,PV、CV 和 CV_BCD 为 WORD(字)变量。各变量均可以使用 I、Q、M、L、D 存储区,PV 还可以使用常数 C#。

**注意**:如果脉冲输入端始终为"1",即使信号没有变化,下一个扫描周期也会计数。

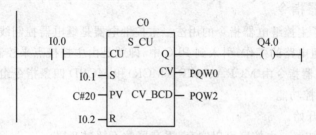

**图 6 - 18　加计数器**

### 2. 减计数器(S_CD)

图 6 - 19 为减计数器。输入端 I0.3 有计数脉冲输入,如果计数值大于 0,则计数值减 1。复位输入信号 I0.5 为"1"时,计数器复位,计数值被清零。当计数值减为 0 时,输出端 Q 为"1"。

注意：如果脉冲输入端始终为"1"，即使信号没有变化，下一个扫描周期也会计数。

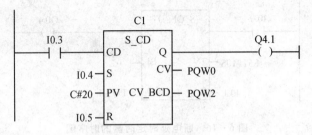

图 6-19　减计数器

### 3. 可逆计数器(S_CUD)

可逆计数器不但可以完成加计数操作，而且还可以完成减计数操作(如图 6-20 所示)。复位输入 R 为"1"时，计数器被复位，计数值被清 0。在加计数输入信号 CU 的上升沿，如果计数器值小于 999，计数器加 1。在减计数输入信号 CD 的上升沿，如果计数器值大于 0，计数值减 1。如果两个计数输入均为上升沿，两条指令均被执行，计数值保持不变。计数值大于 0 时输出信号 Q 为"1"；计数值为 0 时，Q 亦为"0"。

如果在设置计数器时 CU 或 CD 输入为"1"，即使信号没有变化，下一扫描周期也会计数。

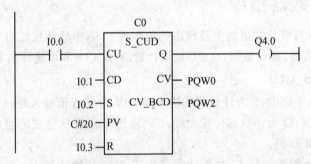

图 6-20　可逆计数器

# 6.4　程序控制指令

### 1. 主控继电器指令

图 6-21 说明了主控继电器指令的用法。主控继电器是继电器控制线路中的概念。主控继电器可以控制一组电路的工作，引入到 PLC 中，即就是由主控接点来控制一段程序的运行。STEP 7 的主控继电器指令由 MCRA、MCR、(MCR)和 MCRD 四条指令组成。

MCRA：激活主控功能。

MCR(：主控区开始。

MCR)：主控区结束。主控区可以嵌套，嵌套层数不超过 8 层。

MCRD：取消主控功能。

如图 6-22 所示，是一个主控继电器的例子。当 I0.0=ON，执行"MCR＜"和"MCR＞"之间的指令。当 I0.0=OFF，不执行"MCR＜"和"MCR＞"之间的指令。其中置位信号不变，赋值信号被复位。

LAD
FBD
STL
( MCRA )
MCRA
MCRA //激活
I0.0
( MCR< )
A0.0
&
MCR<
AI0.0 //允许MCR
MCR( //打开MCR
I0.7
Q4.5
M0.6
A0.7
=
AI0.7 //NO触点
=Q4.5 //输出线圈
=M0.6 //输出线圈
I0.4
Q8.0
( S )
A0.4
S
AI0.4 //NO触点
SQ8.0 //置位输出
( MCR> )
MCR>
)MCR //关闭MCR
M5.5
I2.7
Q69.0
M69.0
AN M5.5 //紧急触点
AN I2.7 //紧急触点
=M69.0 //输出线圈
( MCRD )
MCRD
MCRD //取消

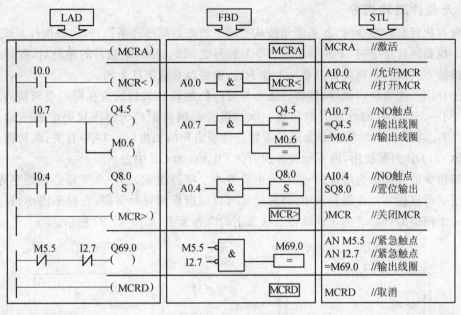

图 6－21　主控继电器指令

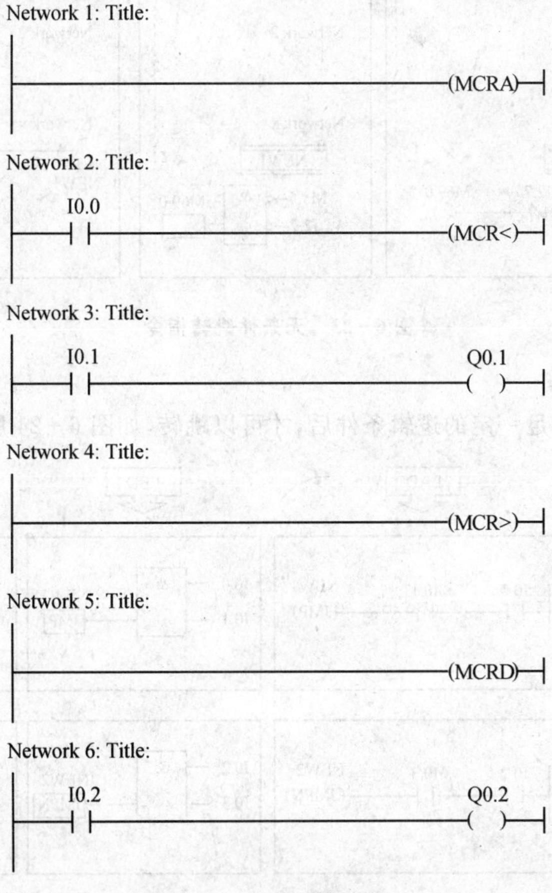

Network 1: Title:
(MCRA)
Network 2: Title:
I0.0
(MCR<)
Network 3: Title:
I0.1
Q0.1
Network 4: Title:
(MCR>)
Network 5: Title:
(MCRD)
Network 6: Title:
I0.2
Q0.2

图 6－22　主控继电器程序

### 2. 无条件跳转指令

在没有执行跳转指令时,各条语句按从上到下的先后顺序逐条执行,这种执行方式称为线性扫描。执行跳转指令时,不执行跳转指令与标号之间的程序,跳到目的地址后,程序继续按线性扫描的方式执行。跳转可以是从上往下的,也可以是从下往上的。

只能在同一逻辑块内跳转,即跳转指令与对应的跳转目的地址应在同一逻辑块内。在一个块中,同一个跳转目的地址只能出现一次。最长的跳转距离为程序代码中的 $-32\,768$ 或 $+32\,767$ 字。实际可以跳转的最大语句条数与每条语句的长度(1~3 字)有关,跳转指令只能在 FB、FC 和 OB 内部使用,即不能跳转到别的 FB、FC 和 OB 中去。

跳转指令的操作数为地址标号,标号由最多 4 个字符组成,第一个字符必须是字母,其余的可以是字母或数字。在语句表中,目标标号与目标指令用冒号分隔,在梯形图中,目标标号必须是一个网络的开始。无条件跳转与状态字的内容无关,如图 6-23 所示。

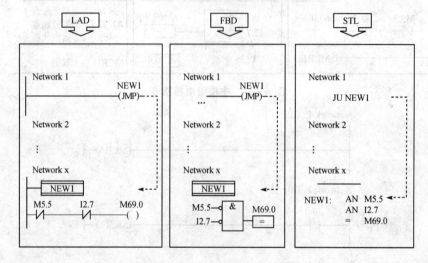

图 6-23　无条件跳转指令

### 3. 条件跳转指令

条件跳转指令是满足一定的逻辑条件后,才可以跳转,如图 6-24 所示。

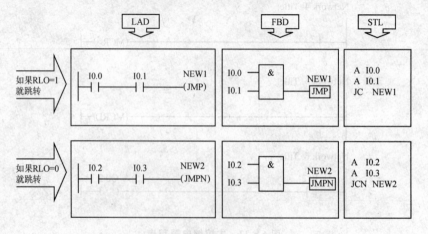

图 6-24　条件跳转指令

# 6.5　传送和比较指令

## 6.5.1　装入和传送指令

装入(L)和传送(T)指令可以在存储区之间或存储区与过程输入、输出之间交换数据。CPU 执行这些指令不受逻辑操作结果 RLO 的影响。

L 指令将源操作数装入累加器 1 中,而累加器原有的数据移入累加器 2 中,累加器 2 中原有的内容被覆盖。

T 指令将累加器 1 中的内容写入目的存储区中,累加器的内容保持不变。

MDVE 实际上是由 L 和 T 两条指令联合使用来完成的。

### 1. 对累加器 1 的装入和传送指令

| | | |
|---|---|---|
| L | ＋5 | //将立即数＋5 装入累加器 1 中 |
| L | MW 10 | //将 MW10 中的值装入累加器 1 中 |
| L | IB[DID 8] | //将由数据双字 DID8 指出的输入字节装入累加器 1 中 |
| T | MW 20 | //将累加器 1 中的内容传送给存储字 MW20 |
| T | MW[AR1,P♯10.0] | //将累加器 1 中的内容传送给由地址寄存器 1 加偏移量确定的存 |
| | | //储字中 |

### 2. 读取或传送状态字

| | |
|---|---|
| L STW | //将状态字中 0～8 位装入累加器 1 中,累加器 9～31 位被清 0 |
| T STW | //将累加器 1 中的内容传送到状态字中 |

### 3. 装入时间值或计数值

| | | |
|---|---|---|
| L | T1 | //将定时器 T1 中二进制格式的时间值直接装入累加器 1 的低字中 |
| LC | T1 | //将定时器 T1 的时间值和时基以 BCD 码装入累加器 1 的低字中 |
| L | C1 | //将计数器 C1 中二进制格式的计数值直接装入累加器 1 的低字中 |
| LC | C1 | //将计数器 C1 中的计数值以 BCD 码格式装入累加器 1 的低字中 |

### 4. 地址寄存器装入和传送

对于地址寄存器,可以不经过累加器 1 而直接将操作数装入或传送,或将两个地址寄存器的内容直接交换。下面的例子说明了指令的用法:

| | | |
|---|---|---|
| LAR1 | P♯ I 0.0 | //将输入位 I0.0 的地址指针装入 AR1 |
| LAR2 | P♯ 0.0 | //将二进制数 2♯0000 0000 0000 0000 0000 0000 0000 0000 |
| | | //装入 AR2 |
| LAR1 | P♯ Start | //将符号名为 Start 的存储器的地址指针装入 AR1 |
| LAR1 | AR2 | //将 AR2 的内容装入 AR1 |
| LAR1 | DBD 20 | //将数据双字 DBD 20 的内容装入 AR1 |
| TAR1 | AR2 | //将 AR1 的内容传送至 AR2 |
| TAR2 | | //将 AR2 的内容传送至累加器 1 |

149

```
TAR1    MD  20              //将 AR1 的内容传送至存储器双字 MD 20
CAR                         //交换 AR1 和 AR2 的内容
```

### 5. 梯形图中的传送指令

在梯形图中,用指令框(Box)表示某些指令。指令框的输入端均在左边,输出端均在右边。梯形图中有一条提供"能流"的左侧垂直"电源"线,图 6-25 中 I0.1 的常开触点接通时,能流流到左边指令框的使能输入端 EN(Enable),该输入端有能流时,指令框中的指令才能被执行。

如果指令框的 EN 输入有能流并且执行时无错误,则 ENO(Enable Output,使能输出)将能流传递给下一元件。如果执行过程中有错误,能流则在出现错误的指令框终止。

ENO 可以与下一指令框的 EN 端相连,即几个指令框可以在一行中串联(如图 6-25 所示),只有前一个指令框被正确执行,后一个才能被执行,EN 和 ENO 的操作数均为能流,数据类型为 BOOL(布尔)型。

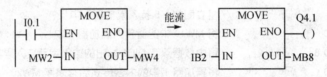

图 6-25　传送指令

## 6.5.2　比较指令

比较指令用于比较累加器 1 与累加器 2 中的数据大小。被比较的两个数的数据类型应该相同,数据类型可以是整数、双整数或浮点数(即实数)。如果比较的条件满足,则 RLO 为"1",否则为"0"。状态字中的 CC0 和 CC1 位用来表示两个数的大于、小于和等于关系。

比较指令影响状态字,用指令测试状态字的有关位,即可得到更多的信息。

整数比较指令用来比较两个整数字的大小,指令助记符中用 I 表示;双整数比较指令用来比较两个双字的大小,指令助记符中用 D 表示;浮点数比较指令用来比较两个浮点数的大小,指令助记符中用 R 表示。

梯形图中的方框比较指令用来比较两个同类型的数,与语句表中的比较指令类似,可以比较整数(I)、双整数(D)和浮点数(R)。在使能输入信号为"1"时,比较 IN1 和 IN2 输入的两个操作数。方框比较指令在梯形图中相当于一个常开触点,可以与其他触点串联和并联。如果被比较的两个数满足指令指定的大于、等于和小于等条件,比较结果为"真",等效触点闭合,指令框有能流流过。图 6-26 给出了部分方框比较指令。

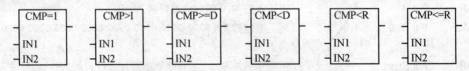

图 6-26　比较指令

例如,存储器中 MW2 和 MW4 中的数据(整数)进行比较,如图 6-27 所示。若 I0.6 和 I0.3 常开触点闭合,且 MW2 <= MW4,Q4.1 被置位为"1"。

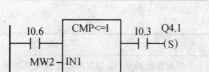

图 6 - 27　整数比较指令

# 6.6　算术运算指令

在 STEP 7 中可以对整数、长整数和实数进行加、减、乘、除算术运算。算术运算指令在累加器 1 和 2 中进行,累加器 2 中的值作为被减数或被除数。算术运算的结果保存在累加器 1 中,累加器 1 中原有的值被运算结果覆盖,累加器 2 中的值保持不变。算术运算指令对状态字的某些位将产生影响,这些位是 CC1、CC0、OV、OS。可以用位操作指令或条件跳转指令对状态字中的标志位进行判断操作。

## 6.6.1　整数算术运算指令

整数算术运算指令对累加器 1 和 2 中的整数进行运算,运算结果保存在累加器 1 中(见图 6 - 28)。对于有四个累加器的 CPU,累加器 3 的内容复制到累加器 2,累加器 4 的内容传送到累加器 3,累加器 4 原有的内容保持不变。

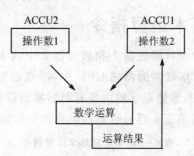

图 6 - 28　算术运算中的累加器

整数算术运算包括:单整数和双整数的四则运算。整数算术运算指令,如表 6 - 4 所列。

表 6 - 4　整数算术运算指令

| 语句表 | 梯形图 | 描　述 |
|---|---|---|
| +I | ADD_I | 将累加器 1,2 低字中的整数相加,运算结果在累加器 1 的低字中 |
| -I | SUB_I | 累加器 2 低字中的整数减去累加器 1 低字中的整数,运算结果在累加器 1 的低字中 |
| *I | MUL_I | 将累加器 1,2 低字中的整数相乘,32 位双整数运算结果在累加器 1 中 |
| /I | DIV_I | 累加器 2 低字中的整数除以累加器 1 低字中的整数,商在累加器 1 的低字,余数在累加器 1 的高字 |
| + | | 累加器的内容与 16 位或 32 位常数相加,运算结果在累加器 1 中 |
| +D | ADD_DI | 将累加器 1,2 中的双整数相加,双整数运算结果在累加器 1 中 |
| -D | SUB_DI | 累加器 2 中的双整数减去累加器 1 中的双整数,双整数运算结果在累加器 1 中 |

| 语句表 | 梯形图 | 描　述 |
|---|---|---|
| *D | MUL_DI | 将累加器 1,2 中的双整数相乘,32 位双整数运算结果在累加器 1 中 |
| /D | DIV_DI | 累加器 2 中的双整数除以累加器 1 中的双整数,32 位商在累加器 1 中,余数被丢掉 |
| MOD | MOD_DI | 累加器 2 中的双整数除以累加器 1 中的双整数,32 位余数在累加器 1 中 |

图 6 - 29 和图 6 - 30 为整数运算的梯形图指令。其中的 EN 为使能输入端,ENO 为使能输出端,IN1 和 IN2 为操作数输入端,OUT 为运算结果输出端。

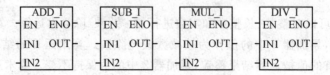

**图 6 - 29　单整数算术运算指令**

**图 6 - 30　双整数算术运算指令**

## 6.6.2　浮点数算术运算指令

浮点数(实数)算术运算指令对累加器 1 和累加器 2 中的 32 位 IEEE 格式的浮点数进行运算,运算结果在累加器 1 中;在双累加器的 CPU 中,浮点数数学运算不会改变累加器 2 的值。对于有 4 个累加器的 CPU,累加器 3 的内容复制到累加器 2,累加器 4 的内容传送到累加器 3,累加器 4 原有的内容保持不变。浮点数算术运算指令如表 6 - 5 所列。

**表 6 - 5　浮点数算术运算指令**

| 语句表 | 梯形图 | 描　述 |
|---|---|---|
| +R | ADD_R | 将累加器 1,2 中的浮点数相加,浮点数运算结果在累加器 1 中 |
| −R | SUB_R | 累加器 2 中的浮点数减去累加器 1 中的浮点数,浮点数运算结果在累加器 1 中 |
| *R | MUL_R | 将累加器 1,2 中的浮点数相乘,浮点数乘积在累加器 1 中 |
| /R | DIV_R | 累加器 2 中的浮点数除以累加器 1 中的浮点数,浮点数商在累加器 1 中,余数被丢掉 |
| ABS | ABS | 对累加器 1 中的浮点数取绝对值 |
| SQR | SQR | 求浮点数的平方 |
| SQRT | SQRT | 求浮点数的平方根 |
| EXP | EXP | 求浮点数的自然指数 |
| LN | LN | 求浮点数的自然对数 |
| SIN | SIN | 求浮点数的正弦函数 |
| COS | COS | 求浮点数的余弦函数 |

续表 6 - 5

| 语句表 | 梯形图 | 描　述 |
|--------|--------|--------|
| TAN | TAN | 求浮点数的正切函数 |
| ASIN | ASIN | 求浮点数的反正弦函数 |
| ACOS | ACOS | 求浮点数的反余弦函数 |
| ATAN | ATAN | 求浮点数的反正切函数 |

图 6 - 31 为浮点数运算的梯形图指令。其中的 EN 为使能输入端,ENO 为使能输出端,IN1 和 IN2 为操作数输入端,OUT 为运算结果输出端。

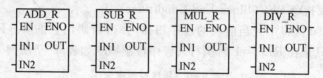

图 6 - 31　浮点数算术运算指令

153

## 6.7　数据转换指令

数据转换指令将累加器 1 中的数据进行数据类型的转换,转换的结果仍然在累加器 1。数据转换指令如表 6 - 6 所列。

表 6 - 6　数据转换指令

| 语句表 | 梯形图 | 说　明 |
|--------|--------|--------|
| BTI | BCD_I | 将累加器 1 中的 3 位 BCD 码转换成整数 |
| ITB | I_BCD | 将累加器 1 中的整数转换成 3 位 BCD 码 |
| BTD | BCD_DI | 将累加器 1 中的 7 位 BCD 码转换成双整数 |
| DTB | DI_BCD | 将累加器 1 中的双整数转换成 7 位 BCD 码 |
| DTR | DI_R | 将累加器 1 中的双整数转换成浮点数 |
| ITD | I_DI | 将累加器 1 中的整数转换成双整数 |
| RND | ROUND | 将浮点数转换为四舍五入的双整数 |
| RND+ | CEIL | 将浮点数转换为大于等于它的最小双整数 |
| RND− | FLOOR | 将浮点数转换为小于等于它的最大双整数 |
| TRUNC | TRUNC | 将浮点数转换为截位取整的双整数 |
| CAW | — | 交换累加器 1 低字中两个字节的位置 |
| CAD | — | 交换累加器 1 中 4 个字节的顺序 |

# 6.8 块操作指令

## 6.8.1 逻辑块指令

逻辑块包括功能、功能块、系统功能和系统功能块。程序控制指令包括逻辑块结束指令、逻辑块调用指令和操作数据块的指令。

### 1. 逻辑块结束指令

逻辑块结束指令包括块无条件结束指令 BEU（Block End Unconditional）和块结束指令 BE，以及块条件结束指令 BEC（Block End Conditional）。

执行块结束指令时，将中止当前块的程序扫描，并返回调用它的块。BEU 和 BE 是无条件执行的，而 BEC 只是在 RLO＝1 时执行。程序控制指令如表 6－7 所列。

**154**

表 6－7 程序控制指令

| 语句表指令 | 梯形图指令 | 描　述 |
|---|---|---|
| BE | — | 块结束 |
| BEU | — | 块无条件结束 |
| BEC | — | 块条件结束 |
| CALL FCn | — | 调用功能 |
| CALL SFCn | — | 调用系统功能 |
| CALL FBn1,DBn2 | — | 调用功能块 |
| CALL SFBn1,DBn2 | — | 调用系统功能块 |
| CC FCn 或 SFCn | CALL | RLO＝1 时条件调用 |
| UC FCn 或 SFCn | CALL | 无条件调用 |
| RET | RET | 条件返回 |

### 2. 逻辑块调用指令

块调用指令（CALL）用来调用功能块（FB）、功能（FC）、系统功能块（SFB）或系统功能（SFC），或调用西门子预先编好的其他标准块。

在 CALL 指令中，FC、SFC、FB 和 SFB 是作为地址输入的，逻辑块的地址可以是绝对地址或符号地址。CALL 指令与 RLO 和其他任何条件无关。在调用 FB 和 SFB 时，应提供与它们配套的背景数据块（Instance DB）。当调用 FC 和 SFC 时，不需要背景数据块。当处理完被调用的块后，调用它的程序继续其逻辑处理。在调用 SFB 和 SFC 后，寄存器的内容被恢复。

使用 CALL 指令时，应将实参（Actual Parameter）赋给被调用的功能块中的形参（Formal Parameter），并保证实参与形参的数据类型一致。

使用语句表编程时，CALL 指令中被调用的块应是已经存在的块，其符号名也应该是已经定义过的。

在调用块时可以通过变量表交换参数。用编程软件编写语句表程序时，如果被调用的逻辑块的变量声明表中有 IN、OUT 和 IN_OUT 类型的变量，输入 CALL 指令后编程软件会自动打开变量表,只需对各形参填写对应的实参就可以了。

在调用 FC 和 SFC 时,必须为所有的形参指定实参。调用 FB 和 SFB 时,只需指定上次调用后必须改变的实参。因为 FB 被处理后,实参储存在数据块中。如果实参是数据块中的地址,必须指定完整的绝对地址,例如 DB1. DBW20。

逻辑块的 IN(输入)参数可以指定为常数、绝对地址或符号地址。OUT(输出)和 IN_OUT(输入_输出)参数必须指定为绝对地址或符号地址。

CALL 指令保存被停止执行的块的编号和返回地址,以及当时打开的数据块的编号。此外,CALL 指令关闭 MCR 区,生成被调用的块的局域数据区。

### 3. 梯形图中的逻辑块调用指令

梯形图中的 CALL 线圈可以调用功能 FC 或系统功能 SFC,调用时不能传递参数。调用可以是无条件的,CALL 线圈直接与左侧垂直线相连,相当于语句表中的 UC 指令;也可以是有条件的,条件由控制 CALL 线圈的触点电路提供,相当于语句表中的 CC 指令。

调用逻辑块时如果需要传递参数,可以用方框指令来调用功能块。图 6 - 32 方框中的 FB10 是被调用的功能块,DB3 是调用 FB10 时的背景数据块。

条件返回指令 RET(Return)以线圈的形式出现,用于有条件地离开逻辑块,条件由控制它的触点电路提供,RET 线圈不能直接连接在左侧垂直"电源线"上。如果是无条件地返回调用它的块,在块结束时并不需要使用 RET 指令。

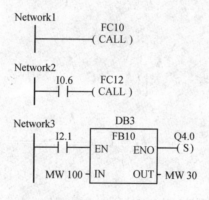

图 6 - 32　逻辑块调用

## 6.8.2　数据块指令

在西门子的可编程控制器中,数据是以变量的形式来存储的。有一些数据,如 I、Q、M、T、C 等,存在系统存储区内,而大量的数据存放在数据块中,数据块占用程序容量。顾名思义,数据块里只有数据,而没有用户程序。从用户的角度出发,数据块主要有两个作用:其一是用来存放一些在设备运行之前就必须放到 PLC 中的重要数据,在运行过程中,用户程序主要是去读这些数据(最典型的就是配方);其二是在数据块中根据需要安排好存放数据的位置和顺序,以便在生产过程中把一些重要的数据(如产量和实际测量值等)存放到这些指定的位置上。STEP 7 按照数据块的使用方法把数据块分成两类:

① 全局数据块(Global Data Block)。这是所有的逻辑块(OB、FB、FC)都可以访问的数据块,因此也称为共享型数据块(Shared DB)。

② 伴随数据块（也叫背景数据块）（Instance Data Block）。它是分配给指定的功能块（FB）的专用数据块。一旦分配给了某个功能块，它就如影随形地伴随着这个功能块。

要使用数据块，首先要知道数据块的结构、数据块里能够存放的数据类型；然后要知道怎样建立数据块、怎样访问这些数据块。数据块指令如表 6-8 所列。

表 6-8  数据块指令

| 指　令 | 描　述 |
|---|---|
| OPN | 打开数据块 |
| CDB | 交换共享数据块和背景数据 |
| LDBLG | 共享数据块的长度装入累加器 1 |
| LDBNO | 共享数据块的编号装入累加器 1 |
| LDILG | 背景数据块的长度装入累加器 1 |
| LDINO | 背景数据块的编号装入累加器 1 |

# 第7章 S7-300/400 通信功能简介

## 7.1 S7-300/400 通信功能

### 7.1.1 工厂自动化网络结构

**1. 现场设备层**

现场设备层主要功能是连接现场设备,例如分布式 I/O、传感器、驱动器、执行机构和开关设备等,完成现场设备控制及设备间连锁控制。

**2. 车间监控层**

车间监控层又称为单元层,用来完成车间主生产设备之间的连接,包括生产设备状态的在线监控、设备故障报警及维护等。还有生产统计、生产调度等功能。传输速度不是最重要的,但是应能传送大容量的信息。

**3. 工厂管理层**

车间操作员工作站通过集线器与车间办公管理网连接,将车间生产数据送到车间管理层。车间管理网作为工厂主网的一个子网,连接到厂区骨干网,将车间数据集成到工厂管理层。

S7-300/400 有很强的通信功能,CPU 模块集成有 MPI 和 DP 通信接口、PROFIBUS-DP、工业以太网的通信模块以及点对点通信模块。通过 PROFIBUS-DP 或 AS-i 现场总线,CPU 与分布式 I/O 模块之间可以周期性地自动交换数据(过程映像数据交换),在自动化系统之间,PLC 与计算机和 HMI(人机接口)站之间,均可以交换数据。数据通信可以周期性地自动进行,或基于事件驱动(由用户程序块调用)。西门子的 SIMATIC NET 网络系统,如图 7-1 所示。

图 7-1 SI MASTIC NET

### 7.1.2 S7-300/400 的通信网络

**1. 通过多点接口(MPI)协议的数据通信**

MPI 是多点接口(Multi Point Interface)的简称。MPI 的物理层是 RS485,通过 MPI 能

同时连接运行 STEP 7 的编程器、计算机、人机界面(HMI)及其他 SIMATIC S7、M7 和 C7。

通过 MPI 接口实现全局数据(GD)服务,周期性地相互进行数据交换。

### 2. PROFIBUS

用于车间级监控和现场层的通信系统和开放性。PROFIBUS—DP 与分布式 I/O,最多可以与 127 个网络上的节点进行数据交换。网络中最多可以串接 10 个中继器来延长通信距离。使用光纤作通信介质,通信距离可达 90 km。

### 3. 工业以太网

西门子的工业以太网符合 IEEE 802.3 国际标准,通过网关来连接远程网络。传输速率为 10 Mbit/s 或 100 Mbit/s,最多 1 024 个网络节点,网络的最大范围为 150 km。

采用交换式局域网,每个网段都能达到网络的整体性能和数据传输速率,电气交换模块与光纤交换模块将网络划分为若干个网段,在多个网段中可以同时传输多个报文。本地数据通信在本网段进行,只有指定的数据包可以超出本地网段的范围。

全双工模式使一个站能同时发送和接收数据,不会发生冲突。其传输速率到 20 Mbit/s 和 200 Mbit/s。可以构建环形冗余工业以太网。最大的网络重构时间为 0.3 s。

自适应功能自动检测出信号传输速率(10 Mbit/s 或 100 Mbit/s)。

自协商是高速以太网的配置协议,通过协商确定数据传输速率和工作方式。

使用 SNMP-OPC 服务器对支持 SNMP 协议的网络设备进行远程管理。

### 4. 点对点连接

点对点连接(Point-to-Point Connections)可以连接 S7 PLC 和其他串口设备。使用 CP340、CP341、CP440、CP441 通信处理模块,或 CPU31xC - 2PtP 集成的通信接口。

接口有 20 mA(TTY),RS232C 和 RS422A/RS485。通信协议有 ASCII 驱动器、3964(R)和 RK 512(只适用于部分 CPU)。

使用通信软件 PRODAVE 和编程用的 PC/MPI 适配器,通过 PLC 的 MPI 编程接口,可以实现计算机与 S7 - 300/400 的通信。

### 5. 通过 AS - i 网络的过程通信

AS - i 是执行器—传感器接口(Actuator Sensor Interface)的简称,位于最底层。

AS - i 中每个网段只能有一个主站。AS - i 中所有分支电路的最大总长度为 100 m,可以用中继器使其延长。可以用屏蔽的或非屏蔽的两芯电缆,支持总线供电。

DP/AS - i 网关(Gateway)用来连接 PROFIBUS-DP 和 AS - i 网络。

CP 342 - 2 最多可以连接 62 个数字量或 31 个模拟量 AS - i 从站,最多可以访问 248 个 DI 和 186 个 DO,可以处理模拟量值。

西门子的"LOGO!"微型控制器可以接入 AS - i 网络,西门子提供各种各样的 AS - i 产品。

## 7.2 MPI 网络与全局数据通信

### 7.2.1 MPI 网络

MPI 网络可周期性地相互交换少量的数据,最多 15 个 CPU。编程设备、人机接口和

CPU 的默认地址分别为 0,1,2。

　　MPI 默认的传输速率为 187.5 kbit/s 或 1.5 Mbit/s,与 S7 – 200 一样,其通信速率为 19.2 kbit/s。相邻节点间的最大传送距离为 50 m,加中继器后可延长 1 000 m,使用光纤和星形连接时为 23.8 km。

## 7.2.2　全局数据包

　　参与全局数据包交换的 CPU 构成了全局数据环(GD circle),可以建立多个 GD 环。

　　具有相同的发送者和接收者的全局数据集合成一个全局数据包,数据包中的变量有变量号。例如 GD1.2.3 是 1 号 GD 环、2 号 GD 包中的 3 号数据。

　　S7 – 300 CPU 可以建立 4 个全局数据环,每个环中的一个 CPU 只能发送和接收一个数据包,每个数据包最多可包含 22 个数据字节。

　　S7 – 400 CPU 可以建立的全局数据环个数与 CPU 的型号有关(16～64 个),每个环中一个 CPU 只能发送一个数据包和接收两个数据包,每个数据包最多可包含 54 个数据字节。

## 7.2.3　MPI 网络的组态

　　在 SMATIC 管理器中生成 3 个站,它们的 CPU 分别为 CPU 413 – 1,CPU313C 和 CPU 312C。

　　双击 MPI 图标,打开 NetPro 工具,打开 CPU 的属性设置对话框,设置 MPI 站地址。将 CPU 连接到 MPI(1)子网上。保存 CPU 的配置参数,用点对点的方式将它们分别下载到各 CPU 中。

　　用 PROFIBUS 电缆连接 MPI 节点可以用管理器的 AccessibleNodes 功能来测试可以访问的节点。MPI 网络的组态如图 7 – 2 所示。

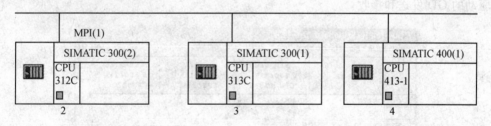

图 7 – 2　MPI 网络的组态

## 7.2.4　全局数据表

### 1. 生成和填写 GD 表

　　右击 NetPro 窗口中的 MPI 网络线,在弹出的窗口(如图 7 – 3 所示)中执行菜单命令 Options|Define Global Data(定义全局数据),在表的第一行输入 3 个 CPU 的名称。

　　右击 CPU 413 – 1 下面的单元(方格),在弹出的快捷菜单中选择 Sender(发送者),输入要发送的全局数据的地址 MW0。在每一行中只能有一个 CPU 发送方,同一行中各个单元的字节数应相同。

　　单击 CPU 313C 下面的单元,输入 QW0,该格的背景为白色,表示 CPU 313C 是接收站。

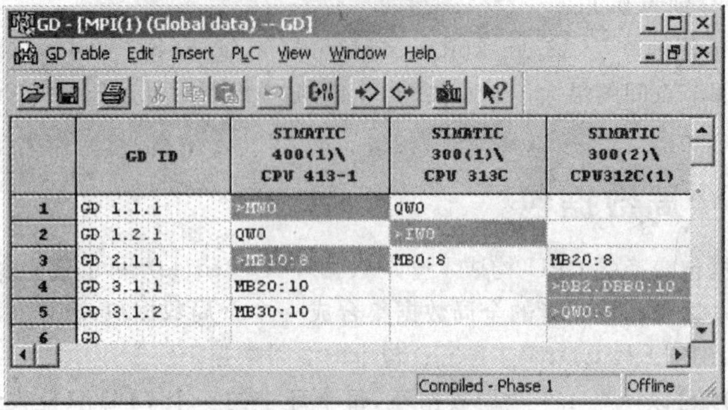


| | GD ID | SIMATIC 400(1)\ CPU 413-1 | SIMATIC 300(1)\ CPU 313C | SIMATIC 300(2)\ CPU312C(1) |
|---|---|---|---|---|
| 1 | GD 1.1.1 | >MW0 | QW0 | |
| 2 | GD 1.2.1 | QW0 | >IW0 | |
| 3 | GD 2.1.1 | >MB10:8 | MB0:8 | MB20:8 |
| 4 | GD 3.1.1 | MB20:10 | | >DB2.DBB0:10 |
| 5 | GD 3.1.2 | MB30:10 | | >QW0:5 |
| 6 | GD | | | |

图 7-3 全局数据表

变量的复制因子用来定义连续的数据区的长度，如 MB20:4 表示 MB20 开始的 4 字节。如果 GD 包由若干个连续的数据区组成，一个连续的数据区占用的空间为数据区内的字节数加上两个头部说明字节。一个单独的双字占 6 字节，一个单独的字占 4 字节，一个单独的字节占 3 字节，一个单独的位也占 3 字节。例如，DB2.DBB0:10 和 QW0:5 一共占用 22 字节。



发送方 CPU 自动地周期性地将指定地址中的数据发送到接收方指定的地址区中。完成全局数据表的输入后，应执行菜单命令 GDTable|Compile，对它进行第一次编译。

## 2. 设置扫描速率和状态双字的地址

执行菜单命令 View|Scan Rates，每个数据包将增加标有“SR”的行(如图 7-4 所示)，用来设置该数据包的扫描速率(1～255)。扫描速率单位是 CPU 的循环扫描周期，S7-300 默认的扫描速率为 8，S7-400 的为 22，用户可以修改该值。若 S7-400 的扫描速率为 0，则表示是事件驱动的 GD 发送和接收。

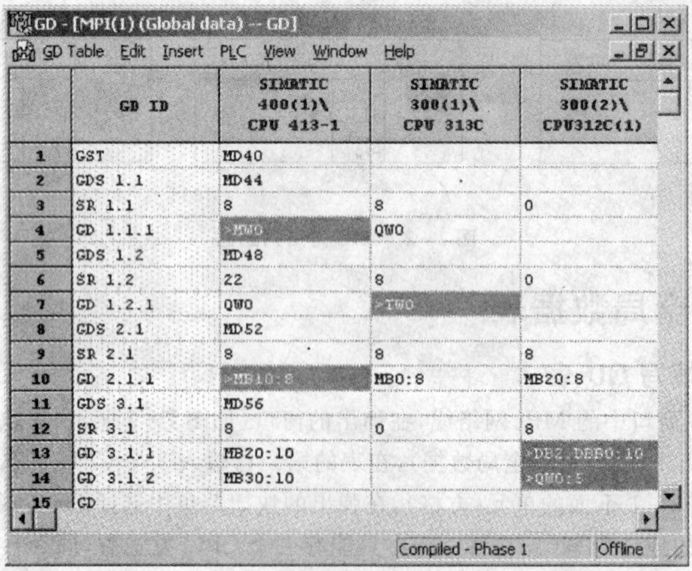


| | GD ID | SIMATIC 400(1)\ CPU 413-1 | SIMATIC 300(1)\ CPU 313C | SIMATIC 300(2)\ CPU312C(1) |
|---|---|---|---|---|
| 1 | GST | MD40 | | |
| 2 | GDS 1.1 | MD44 | | |
| 3 | SR 1.1 | 8 | 8 | 0 |
| 4 | GD 1.1.1 | >MW0 | QW0 | |
| 5 | GDS 1.2 | MD48 | | |
| 6 | SR 1.2 | 22 | 8 | 0 |
| 7 | GD 1.2.1 | QW0 | >IW0 | |
| 8 | GDS 2.1 | MD52 | | |
| 9 | SR 2.1 | 8 | 8 | 8 |
| 10 | GD 2.1.1 | >MB10:8 | MB0:8 | MB20:8 |
| 11 | GDS 3.1 | MD56 | | |
| 12 | SR 3.1 | 8 | 0 | 8 |
| 13 | GD 3.1.1 | MB20:10 | | >DB2.DBB0:10 |
| 14 | GD 3.1.2 | MB30:10 | | >QW0:5 |
| 15 | GD | | | |

图 7-4 第一次编译后的全局数据表

　　GD 数据传输的状态双字用来检查数据是否被正确地传送,执行菜单命令 View|Status,在出现的 GDS 行中可以给每个数据包指定一个用于状态双字的地址。最上面一行的全局状态双字 GST 是各 GDS 行中的状态双字"与"的结果。

　　设置好扫描速率和状态字的地址后,应对全局数据表进行第二次编译。将配置数据下载到 CPU 中,以后便可以自动交换数据。

## 7.2.5　事件驱动的全局数据通信

　　使用 SFC 60"GD_SEND"和 SFC 61"GD_RCV",S7－400 可以用事件驱动的方式发送和接收 GD 包,实现全局通信。在全局数据表中,必须对要传送的 GD 包组态,并将扫描速率设置为 0。

　　为了保证全局数据交换的连续性,在调用 SFC 60 之前应调用 SFC39"DIS_IRT"或 SFC41"DIS_AIRT"来禁止或延迟更高级的中断和异步错误。SFC 60 执行完后调用 SFC 40"EN_IRT"或 SFC 42"EN_AIRT",再次确认高优先级的中断和异步错误。下面是 SFC 60 调用程序:

```
Network 1:延迟处理高中断优先级的中断和异步错误
CALL "DIS_AIRT"                          //调用 SFC 41,延迟处理高中断优先级的中断和异步错误
RET_VAL : = MW100                        //返回的故障信息
Network 2:发送全局数据
CALL "GD_SND"                            //调用 SFC 60
CIRCLE_ID : = B#16#3                     //GD 环编号,允许值为 1~16
BLOCK_ID : = B#16#1                      //GD 包编号,允许值为 1~4
RET_VAL : = MW102                        //返回的故障信息
Network 2:允许处理高中断优先级的中断和异步错误
CALL "EN_AIRT"                           //调用 SFC42,允许处理高中断优先级的中断和异步错误
RET_VAL : = MW104                        //返回的故障信息
```

## 7.2.6　不用连接组态的 MPI 通信

　　假设 A 站和 B 站的 MPI 地址分别为 2 和 3,B 站不用编程,在 A 站的循环中断组织块 OB35 中调用发送功能 SFC 68"X_PUT",将 MB40~MB49 中的 10 字节发送到 B 站的 MB50~MB59 中;调用接收功能 SFC 67"X_GET",将对方的 MB60~MB69 中的 10 字节读入到本地的 MB70~MB79 中。下面是 A 站的 OB35 中的程序:

```
Network 1:用 SFC 68 通过 MPI 发送数据
CALL "X_PUT"
REQ : = TURE                             //激活发送请求
CONT : = TURE                            //发送完成后保持连接
DEST_ID : = W#16#3                       //接收方的 MPI 地址
VAR_ADDR : = P#M50.0 BYTE 10             //对方的数据接收区
SD : = P#M40.0 BYTE 10                   //本地的数据发送区
RET_VAL : = LW0                          //返回的故障信息
```

```
BUSY : = L2.1                        //为 1 发送未完成
Network 2:用 FSC 67 从 MPI 读取对方的数据到本地 PLC 的数据区
CALL "X_GET"
REQ : = TURE                         //激活请求
CONT : = TURE                        //接收完成后保持连接
DEST_ID : = W#16#3                   //对方的 MPI 地址
VAR_ADDR : = P#M60.0 BYTE 10         //要读取的对方的数据区
RET_VAL : = LW4                      //返回的故障信息
BUSY : = L2.2                        //为 1 发送未完成
RD : = P#M70.0 BYTE 10               //本地的数据接收区
```

如果上述 SFC 的工作已完成(BUSY＝0),调用 SFC 69"X_ABORT"后,通信双方的连接资源被释放。

# 7.3 PROFIBUS 的结构与硬件

PROFIBUS 已被纳入现场总线的国际标准 IEC 61158 和欧洲标准 EN 50170,并于 2001 年被定为我国的国家标准 JB/T10308.3－2001。

PROFIBUS 在 1999 年 12 月通过的 IEC 61156 中称为 Type 3,PROFIBUS 的基本部分称为 PROFIBUS-V0。在 2002 年新版的 IEC61156 中增加了 PROFIBUS-V1,PROFIBUS-V2 和 RS485IS 等内容。新增的 PROFInet 规范作为 IEC 61158 的 Type10。

截止 2003 年底,安装的 PROFIBUS 节点设备已突破了 1 千万个,在中国超过 150 万个。

## 7.3.1 PROFIBUS 的组成

### 1. PROFIBUS-FMS

PROFIBUS-FMS(Fieldbus Message Specification,现场总线报文规范)主要用于系统级和车间级的不同供应商的自动化系统之间传输数据,处理单元级(PLC 和 PC)的多主站数据通信。

### 2. PROFIBUS-DP

PROFIBUS-DP(Decentralized Periphery,分布式外部设备)用于自动化系统中单元级控制设备与分布式 I/O(例如 ET 200)的通信。

主站之间的通信为令牌方式,主站与从站之间为主从方式,以及这两种方式的混合。

### 3. PROFIBUS-PA

PROFIBUS-PA(Process Automation,过程自动化)用于过程自动化的现场传感器和执行器的低速数据传输,使用扩展 PROFIBUS-DP 协议。传输技术采用 IEC 1158－2 标准,可以用于防爆区域的传感器和执行器与中央控制系统的通信。使用屏蔽双绞线电缆,由总线提供电源。

此外,基于 PROFIBUS,还推出了用于运动控制的总线驱动技术 PROFI－drive 和故障安全通信技术 PROFI-safe。

## 7.3.2 PROFIBUS 的物理层

PROFIBUS 的物理层可以使用多种通信介质(电、光、红外、导轨以及混合方式)。传输速率为 9.6 kbit/s～12 Mbit/s,假设 DP 有 32 个站点,所有站点传送以 512 bit/s 的速率输入和 512 bit/s 的速率输出,在 12 Mbit/s 时只需传送时间 1 ms。每个 DP 从站的输入数据和输出数据最大为 244 字节。使用屏蔽双绞线电缆时最长通信距离为 9.6 km,使用光缆时最长 90 km,最多可以接 127 个从站。

可以使用灵活的拓扑结构,支持线形、树形、环形结构以及冗余的通信模型。

### 1. DP/FMS 的 RS485 传输

DP/FMS 的 RS485 传输 DP 和 FMS 时可使用相同的传输技术和统一的总线存取协议,可以在同一根电缆上同时运行。

DP/FMS 符合 EIA RS485 标准(也称为 H2),采用屏蔽或非屏蔽双绞线电缆,一个总线段的两端各有一套有源的总线终端电阻(如图 7 - 5 所示)。传输速率为 9.6 kbit/s～12 Mbit/s。一个总线段最多 32 个站,带中继器最多 127 个站。

A 型电缆的传输距离,3～12 Mbit/s 时为 100 m,9.6～93.75 kbit/s 时为 1 200 m。

### 2. D 型总线连接器

PROFIBUS 标准推荐总线站与总线的相互连接使用 9 针 D 型连接器。A 线和 B 线上的波形相反。信号为 1 时 B 线为高电平,A 线为低电平。

### 3. 总线终端器

在数据线 A 和 B 的两端均应加接总线终端器(如图 7 - 5 所示)。总线终端器的下拉电阻与数据基准电位 DGND 相连,上拉电阻与供电正电压 VP 相连。总线上没有站发送数据时,这两个电阻确保总线上有一个确定的空闲电位。几乎所有标准的 PROFIBUS 总线连接器上都集成了总线终端器,可以由跳接器或开关来选择是否使用它。

传输速率大于 1 500 kbit/s 时,由于连接的站的电容性负载引起导线反射,因此必须使用附加有轴向电感的总线连接插头。

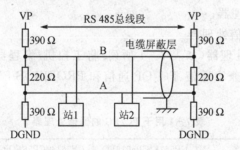

图 7 - 5　DP/FMS 总线段的结构

### 4. DP/FMS 的光纤电缆传输

单芯玻璃光纤的最大连接距离为 15 km,价格低廉的塑料光纤为 80 m。

光链路模块(OLM)用来实现单光纤环和冗余的双光纤环。

### 5. PA 的 IEC 1158 - 2 传输

采用符合 IEC 1158—2 标准的传输技术,确保本质安全,并通过总线直接给现场设备供电。数据传输使用曼彻斯特编码线协议(也称 H1 编码)。从 0(−9 mA)到 1(+9 mA)的上升沿发送二进制数"0",从 1 到 0 的下降沿发送二进制数"1",传输速率为 31.25 kbit/s。传输介质为屏蔽或非屏蔽的双绞线。总线段的两端用一个无源的 RC 线终端器来终止(100 Ω 电阻与 1 μF 电容的串联电路),一个 PA 总线段最多 32 个站,总数最多为 126 个。

### 7.3.3 PROFIBUS – DP 设备的分类

**1. 1 类 DP 主站**

1 类 DP 主站(DPM1)是系统的中央控制器,DPM1 与 DP 从站循环地交换信息,并对总线通信进行控制和管理。

**2. 2 类 DP 主站**

DP 网络中的编程、诊断和管理设备,DPM2 除了具有 1 类主站的功能外,可以读取 DP 从站的输入/输出数据和当前的组态数据,可以给 DP 从站分配新的总线地址。包括 PC,OP,TP。

**3. DP 从站**

① 分布式 I/O(非智能型 I/O)由主站统一编址,ET200。

② PLC 智能 DP 从站(I 从站):PLC(智能型 I/O)作从站,存储器中有一片特定区域作为与主站通信的共享数据区。

③ 具有 PROFIBUS-DP 接口的其他现场设备。

**4. DP 组合设备**

### 7.3.4 PROFIBUS 通信处理器

用于 PC/PG 的通信处理器,如表 7 – 1 所列。

① CP342 – 5 通信处理器;

② CP342 – 5 FO 通信处理器;

③ CP443 – 5 通信处理器;

④ 用于 PC/PG 的通信处理器。

用于 PC/PG 的通信处理器(如表 7 – 1 所列)将工控机/编程器连接到 PROFIBUS 网络中,支持标准 S7 通信、S5 兼容通信、PG/OP 通信和 PROFIBUS-FMS,OPC 服务器随通信软件提供。

表 7 – 1 用于 PC/PG 的通信处理器

| | CP5613/CP5613FQ | CP5614/CP5614FO | CP5611 |
|---|---|---|---|
| 可以连接的 DP 从站数 | 122 | 122 | 60 |
| 可以并行处理的 FDL 任务数 | 120 | 120 | 100 |
| FG/PC 和 S7 的连接数 | 50 | 50 | 8 |
| FMS 的连接数 | 40 | 40 | — |

- CP5613 是带微处理器的 PCI 卡,有一个 PROFIBUS 接口,仅支持 DP 主站。
- CP5614 有两个 PROFIBUS 接口,可以作 DP 主站或 DP 从站。
- CP5611 用于带 PCMCIA 插槽的笔记本电脑。CP5611 有一个 PROFIBUS 接口,可作主站和从站。

# 7.4 PROFIBUS 的通信协议

## 7.4.1 PROFIBUS 的数据链路层

### 1. 总线存取方式

根据 OSI 参考模型,第二层(数据链路层)规定总线存取控制、数据安全性以及传输协议和报文的处理,三种 PROFIBUS(DP、FMS、PA)均使用一致的总线存取协议。PROFIBUS 协议结构如图 7-6 所示。

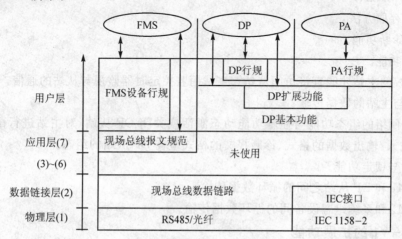

图 7-6 PROFIBUS 协议结构

在 PROFIBUS 中,第二层称为现场总线数据链路层,协议的设计满足介质控制的两个基本要求:

① 保证在确切的时间间隔中,任何一个站点有足够的时间来完成通信任务。

② 尽可能简单快速地完成数据的实时传输,因通信协议增加的数据传输时间应尽量少。

PROFIBUS 采用混合的总线存取控制机制来实现上述目标要求(如图 7-7 所示),包括主站(Master)之间的令牌(Token)传递方式和主站与从站(Slave)之间的主—从方式。

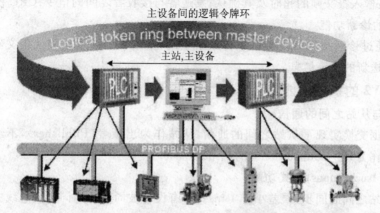

图 7-7 PROFIBUS 现场总线的总线存取方式

当某主站得到令牌报文后可以与所有主站和从站通信。

在总线初始化和启动阶段建立令牌环;在总线运行期间,从令牌环中去掉有故障的主动节点,将新上电的主动节点加入到令牌环中。监视传输介质和收发器是否有故障,检查站点地址是否出错,以及令牌是否丢失或有多个令牌。

DP 主站与 DP 从站间的通信基于主—从原理,DP 主站按轮询表依次访问 DP 从站。报文循环由 DP 主站发出的请求帧(轮询报文)和由 DP 从站返回的响应帧组成。

## 7.4.2 PROFIBUS - DP

DP 的功能一共有 3 个版本:DP - V0,DP - V1 和 DP - V2。

### 1. 基本功能(DP - V0)

① 总线存取方法。

② 3 级诊断功能。

③ 保护功能。

只有授权的主站才能直接访问从站。主站用监控定时器监视与从站的通信。从站用监控定时器检测与主站的数据传输。

④ 通过网络的组态功能与控制功能动态激活或关闭 DP 从站,对主站进行配置,设置从站的地址、输入/输出数据的格式、诊断报文的格式检查 DP 从站的组态。

⑤ 同步与锁定功能。

⑥ DPM1 和 DP 从站之间的循环数据传输。

⑦ DPM1 和系统组态设备间的循环数据传输。

### 2. DP - V1 的扩展功能

**(1) 非循环数据交换**

主站与从站之间的非循环数据交换功能,可以用来进行参数设置、诊断和报警处理。

**(2) 基于 IEC 61131 - 3 的软件功能块**

**(3) 故障—安全通信(PROFIsafe)**

PROFIsave 定义了与故障—安全有关的自动化任务,以及在 PROFIBUS 上的通信。考虑了数据的延迟、丢失、重复,以及不正确的时序、地址和数据的损坏。

补救措施:输入报文帧的超时及其确认;发送者与接收者之间的口令;CRC 校验。

**(4) 扩展的诊断功能**

DP 从站通过诊断报文将报警信息传送给主站,主站收到后发送确认报文给从站。从站收到后只能发送新的报警信息。

### 3. DP - V2 的扩展功能

**(1) 从站与从站之间的通信**

广播式数据交换实现了从站之间的通信,从站作为出版者(Publisher),不经过主站直接将信息发送给作为订户(Subscribers)的从站。

**(2) 同步(Isochronous)模式功能**

主站与从站之间的同步,误差小于 1 ms。所有设备被周期性地同步到总线主站的循环。

**(3) 时钟控制与时间标记(Time Stamps)**

主站将时间发送给所有的从站,误差小于 1 ms。

（4）HARTonDP

（5）上载与下载（区域装载）

用少量的命令装载任意现场设备中任意大小的数据区。

（6）功能请求（Function Invocation）

用于 DP 从站的启动、停止、返回、重新启动和功能调用。

（7）从站冗余

冗余的从站有两个 PROFIBUS 接口。在主要从站出现故障时,后备从站接管它的功能。

## 7.4.3 PROFINet

PROFINet 以互联网和以太网标准为基础,建立了 PROFIBUS 与外部系统的透明通道。

PROFINet 首次明确了 PROFIBUS 和工业以太网之间数据交换的格式,使跨厂商、跨平台的系统通信问题得到了彻底的解决。

PROFINet 提供了一种全新的工程方法,即基于组件对象模型（COM）的分布式自动化技术;以微软的 OLE/COM/DCOM 为技术核心,最大程度地实现了开放性和可扩展性,向下兼容传统工控系统,使分散的智能设备组成的自动化系统模块化。PROFINet 指定了 PROFIBUS 与国际 IT 标准之间的开放和透明的通信;提供了包括设备层和系统层的完整系统模型,保证了 PROFIBUS 和 PROFINet 之间的透明通信。PROFINet 系统结构如图 7 - 8 所示。

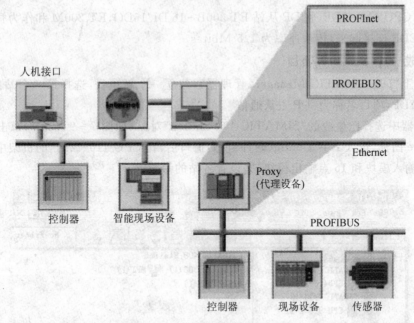

图 7 - 8 PROFINet 系统结构图

在 PROFINet 中,每个设备都被看作一个具有组件对象模型（Component Object Model,简称为 COM）接口的自动化设备,系统通过调用 COM 接口来实现设备功能。组件模型使不同厂家的设备具有良好的互换性和互操作性。COM 对象之间通过 DCOM（分布式 COM）连接协议进行互联和通信。传统的 PROFIBUS 设备通过代理设备（Proxy）与 PROFINet 中的 COM 对象进行通信。COM 对象之间的调用是通过 OLE（Object Linking and Embedding,对象链接与嵌入）自动化接口实现的。

组件技术为企业管理人员通过公用数据网络访问过程数据提供了方便。PROFINet 使用了 IT 技术,支持从办公室到工业现场的信息集成。

# 7.5　基于组态的 PROFIBUS 通信

## 7.5.1　PROFIBUS - DP 从站的分类

### 1. 紧凑型 DP 从站

ET 200B 模块系列。

### 2. 模块式 DP 从站

ET 200M,可以扩展 8 个模块。在组态时 STEP 7 自动分配紧凑型 DP 从站和模块式 DP 从站的输入/输出地址。

### 3. 智能从站(I 从站)

某些型号的 CPU 可以作 DP 从站。智能 DP 从站提供给 DP 主站的输入/输出区域不是实际的 I/O 模块使用的 I/O 区域,而是从站 CPU 专门用于通信的输入/输出映像区。

## 7.5.2　PROFIBUS - DP 网络的组态

主站是 CPU 416 - 2DP,将 DP 从站 ET 200B - 16 DI/16DO,ET 200M 和作为智能从站的 CPU 315 - 2DP 连接起来,传输速率为 1.5 Mbit/s。

### 1. 生成一个 STEP 7 项目

在桌面上打开 SIMATIC Manager(管理器),建立一个新项目,选择第一个站的 CPU 为 CPU 416 - 2DP,项目名称为"DP 主从通信"。

在管理器中选择已生成的"SIMATIC 400 Station"对象(如图 7 - 9 所示),双击屏幕右边的 Hardware 图标,进入 HW Config(硬件组态)窗口后,在 CPU 416 - 2DP 的机架中添加电源模块、16 点输入模块和 16 点输出模块,并设置各站的参数。

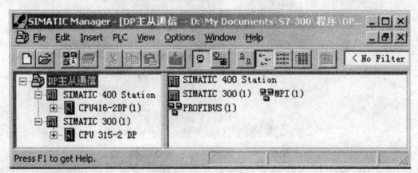

图 7 - 9　SIMATIC 管理器

### 2. 设置 PROFIBUS 网络

右击"项目"对象,生成网络对象 PROFIBUS(1),在自动打开的网络组态工具 NetPro 中,双击图 7 - 9 中的 PROFIBUS 网络线,设置传输速率为 1.5 Mbit/s,总线行规为 DP。最高站地址使用默认值 126。

**3. 设置主站的通信属性**

选择 400 站对象，打开 HW Config 工具。双击机架中"DP"所在的行，在"Operating Mode"选项卡中选择该站为 DP 主站。默认的站地址为 2。图 7 - 10 给出了已组态好的 PROFIBUS 网络接线图，此时屏幕左边的窗口中只有生成项目时设置的 S7 - 400 的机架和机架中的 CPU 416 - 2DP 模块。

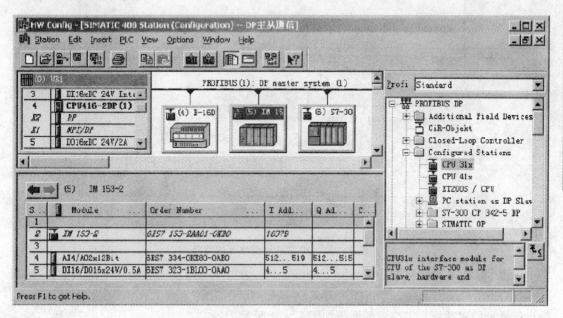

图 7 - 10　PROFIBUS 网络的组态

**4. 组态 DP 从站 ET 200B**

组态第一个从站 ET 200B - 16DI/16DO。设置站地址为 4。各站的输入/输出自动统一编址。选择监控定时器功能。

**5. 组态 DP 从站 ET 200M**

将接口模块 IM 153 - 2 拖到 PROFIBUS 网络线上，设置站地址为 5。打开硬件目录中的 IM 153 - 2 文件夹，插入 I/O 模块。

**6. 组态一个带 DP 接口的智能 DP 从站**

在项目中建立 S7 - 300 站对象，CPU 315 - 2DP 模块插入槽 2。默认的 PROFIBUS 地址为 6。设置为 DP 从站。在 HW Config 中保存对 S7 - 300 站的组态。

**7. 将智能 DP 从站连接到 DP 主站系统中**

返回到组态 S7 - 400 站硬件的屏幕。打开\PROFIBUS-DP\ConfiguredStations(已经组态的站)文件夹，将 CPU 31x 拖到屏幕左上方的 PROFIBUS 网络线上。自动分配的站地址为 6。在 Connection 选项卡中选中 CPU315—2DP，单击 Connect 按钮，该站即被连接到 DP 网络中。

## 7.5.3　主站与智能从站主从通信方式的组态

DP 主站直接访问"标准"的 DP 从站(例如 ET 200B 和 ET 200M)的分布式 I/O 地址区。用于主站和从站之间交换数据的输入/输出区不能占据 I/O 模块的物理地址区。

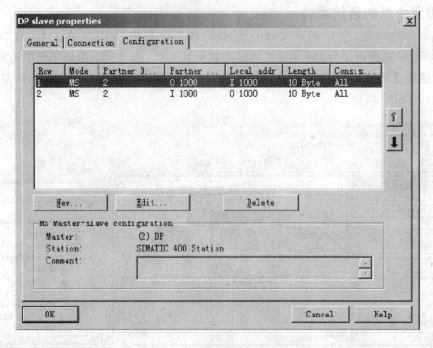

图 7 - 11  DP 主从通信地址的组态

　　单击 DP 从站对话框中的 Configuration 标签,为主—从通信的智能从站配置输入/输出区地址(如图 7 - 11 所示)。单击图中的 New 按钮,出现如图 7 - 12 所示的设置 DP 从站输入/输出区地址的对话框。组态后的网络如图 7 - 13 所示。

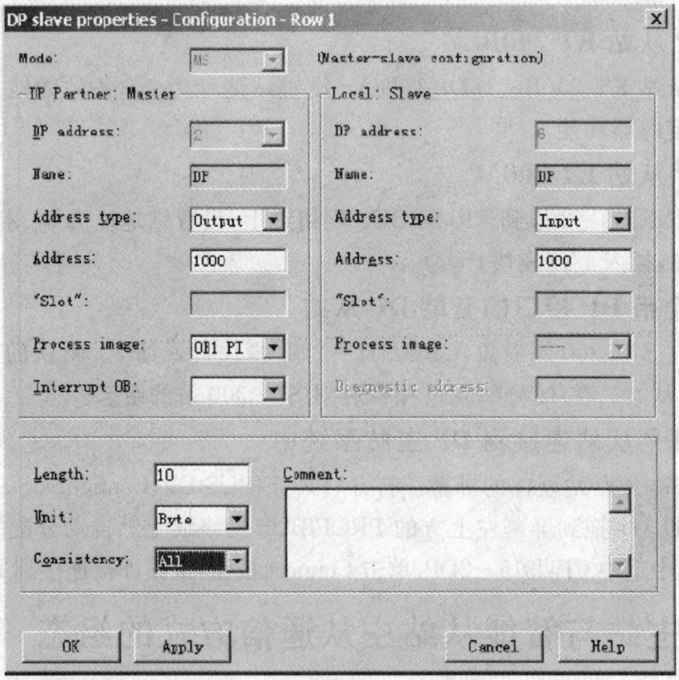

图 7 - 12  DP 从站属性的组态

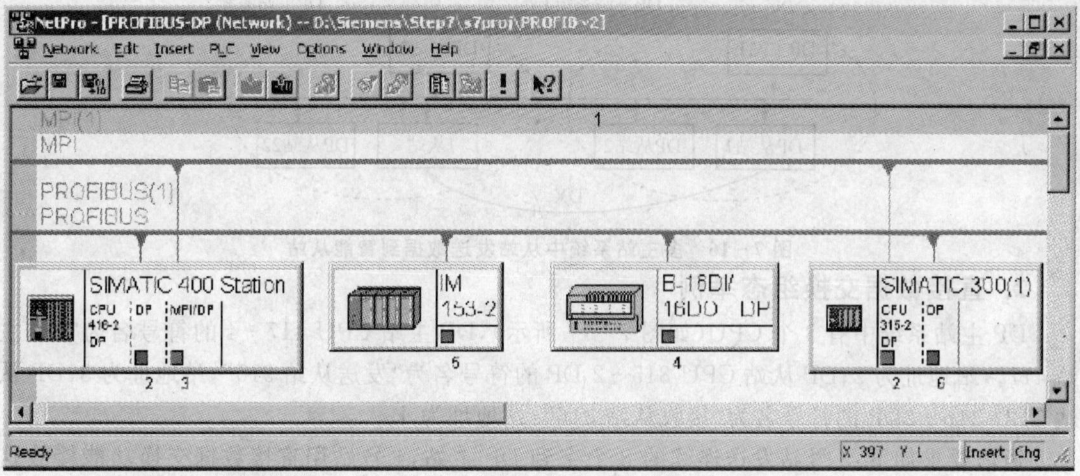

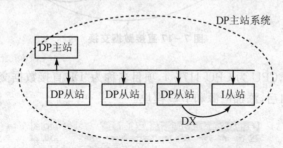

图 7 - 13　组态后的网络

## 7.5.4　直接数据交换通信方式的组态

### 1. 直接数据交换

直接数据交换(Direct Data Exchange)简称为 DX，又称为交叉通信。

① 单主站系统中 DP 从站发送数据到智能从站(I 从站)，如图 7 - 14 所示。

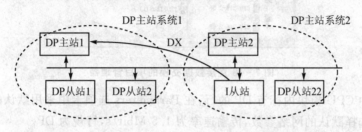

图 7 - 14　单主站系统中 DP 从站发送数据到智能从站

② 多主站系统中从站发送数据到其他主站，如图 7 - 15 所示。

图 7 - 15　多主站系统中从站发送数据到其他主站

③ 多主站系统中从站发送数据到智能从站，如图 7 - 16 所示。

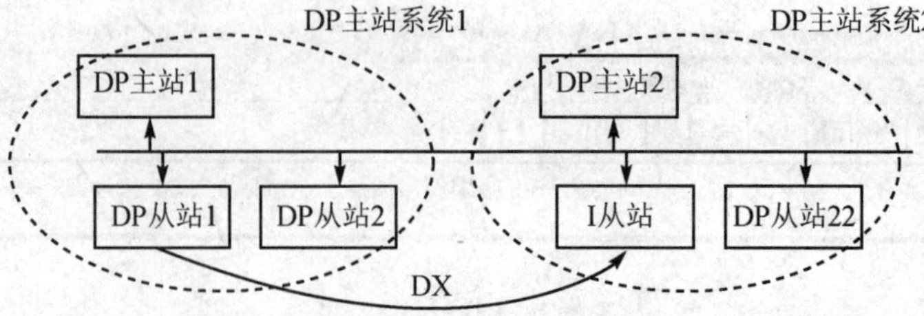

DP主站系统1           DP主站系统2

| DP主站1 | | DP主站2 | |
| DP从站1 | DP从站2 | I从站 | DP从站22 |

DX

**图 7 - 16　多主站系统中从站发送数据到智能从站**

### 2. 直接数据交换组态举例

DP 主站系统中有 3 个 CPU(如图 7 - 17 所示),DP 主站 CPU 417 - 4 的符号名为"DP 主站 417",站地址为 2;DP 从站 CPU 315 - 2 DP 的符号名为"发送从站 315",站地址为 3;DP 从站 CPU 316 - 2DP 的符号名为"接收从站 316",站地址为 4。

通信要求如下:3 号站发送连续的 8 个字到 DP 主站,4 号站用直接数据交换功能接收这些数据中的第 3 至第 6 个字。

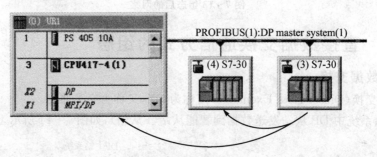

**图 7 - 17 直接数据交换**

### 3. 组态 DP 主站

建立一个新的项目,CPU 为 CPU 417 - 4,项目名称为"DP 直接数据交换 DX"(如图 7 - 18 所示)。进入硬件组态窗口后,添加电源和 I/O 模块。

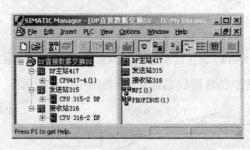

**图 7 - 18 直接数据交换的项目管理器**

双击机架中 CPU 模块内标有 DP 的行,在 Parameters 选项卡中采用默认的站地址 2。单击 New 按钮,选择默认的网络参数,传输速率为 1.5 Mbit/s,行规为 DP。

### 4. 组态智能从站

在管理器中生成新的站。对该站的硬件组态。站地址设为 3,设置为 DP 从站,在 HW Config 中保存组态。

用同样的方法生成另一个 DP 从站,CPU 为 CPU 316 - 2DP,站地址为 4。

## 5. 将智能从站连接到 DP 网络上

返回 S7 – 400 主站的硬件组态屏幕，在右边的硬件目录窗口中打开\PROFIBUS – DP \ Configured Stations 文件夹，将图标"CPU 31x"拖到屏幕左上方的 PROFIBUS 网络线上。在 Connection 选项卡中将该站连接到 DP 网络中。

用同样的方法将 CPU 316 – 2DP 所在的从站连接到 DP 网络中，站地址为 4。

## 6. 组态发送站的地址区

在主站的硬件组态窗口中，双击 3 号站的图标，在 Configuration 选项卡中，按表 7 – 2 的要求生成 Configuration 中的表格。

表 7 – 2　CPU 315 – 2DP(3 号从站)的通信区地址组态

| 行　号 | 模　式 | 通信伙伴站地址 | 通信伙伴地址 | 本地地址 | 数据长度 | 连续性 |
|---|---|---|---|---|---|---|
| 1 | MS | 2 | I 200 | O 100 | 8 Word | All |
| 2 | MS | 2 | O 180 | I 80 | 10 Byte | All |

## 7. 组态接收站的地址区

回到主站的硬件组态窗口后，双击 4 号 DP 从站的图标，按表 7 – 3 的要求，配置输入/输出区地址。单击图中的 New 按钮，出现设置 DP 从站输入/输出区地址的对话框(如图 7 – 19 所示)。在最上面的 Mode 选择框内选择 DX 模式，设置表 7 – 3 中第一行的参数。

表 7 – 3　CPU 316 – 2DP(4 号从站)的通信区地址组态

| 行　号 | 模　式 | 通信伙伴站地址 | 通信伙伴地址 | 本地地址 | 数据长度 | 连续性 |
|---|---|---|---|---|---|---|
| 1 | DX | 3 | I 204 | I 100 | 4 Word | All |
| 2 | MS | 2 | I 220 | O 140 | 4 Word | All |

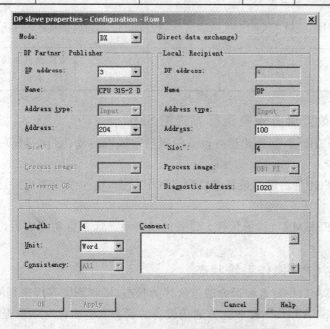

图 7 – 19　CPU 315 – 2DP 直接数据交换的参数设置

## 7.6  系统功能与系统功能块在 PROFIBUS 通信中的应用

### 7.6.1  用于 PROFIBUS 通信的系统功能与系统功能块

#### 1. 用于数据交换的 SFB/FB

用于数据交换的 SFB/FB 如表 7-4 所列。

表 7-4  用于数据交换的 SFB/FB

| 编号 | | 助记符 | 传输的字节数/B | | 描述 |
|---|---|---|---|---|---|
| S7-400 | S7-300 | | S7-400 | S7-300 | |
| SFB 8 | FB 8 | U_SEND | 440 | 160 | 不对等的发送数据给远方通信伙伴,不需对方应答 |
| SFB 9 | FB 9 | U_RCV | | | 不对等异步接收对用 U_SEND 发送的数据 |
| SFB12 | FB12 | B_SEND | 64 K | 32 K | 发送段数据,要发送的数据区划分为若干段,各段被单独发送到通信伙伴 |
| SFB13 | FB13 | B_RCV | | | 接收段数据,接收到每一数据段后,发送一个应答,同时参数 LEN(接收到的数据的长度)被刷新 |
| SFB15 | FB15 | PUT | 400 | 160 | 写数据到远方 CPU,对方不需编程,接收到后发送执行应答 |
| SFB14 | FB14 | GET | | | 读取远方 CPU 的数据,对方不需编程 |
| SFB16 | — | PRINT | | | 发送数据和指令格式到远方打印机(S7-400) |

#### 2. S7-400 改变远方设备运行方式的 SFB

① SFB 19"START":初始化远方设备的暖启动或冷启动,启动完成后,远方设备发送一个肯定的执行应答。

② SFB 20"STOP":将远方设备切换到 STOP 状态,操作成功完成后,远方设备发送一个肯定的执行应答。

③ SFB 21"RESUME":初始化远方设备的热启动。远方启动完成后,远方设备发送一个肯定的执行应答。

#### 3. 查询远方 CPU 操作系统状态

① SFB 22"STATUS":查询远方通信伙伴的状态,接收到应答用来判断它是否有问题。

② SFB 23"USTATUS":接收远方通信设备的状态发生变化时主动提供的状态信息。

**4．查询连接**

① SFC 62"CONTROL"：查询 S7－400 本地通信 SFB 的背景数据块的连接的状态。

② FC 62"C_CNTRL"：通过连接 ID 查询 S7－300 的连接状态。

**5．分布式 I/O 使用的 SFC**

① SFC 7"DP_PRAL"：触发 DP 主站的硬件中断。

② SFC 11"DPSYC_FR"：同步锁定 DP 从站组。

③ SFC 12 "D_ACT_DP"：取消或激活 DP 从站

④ SFC 13"DPNRM_DG"：读 DP 从站的诊断数据（从站诊断）。

⑤ 用系统功能 SFC 14 和 SFC 15 访问 DP 标准从站中的连续数据。

## 7.6.2　用 SFC 14 和 SFC 15 传输连续的数据

① 用 SFC 14"DPRD_DAT"读取 DP 标准从站的连续数据，如表 7－5 所列。

**表 7－5　SFC 14"DPRD_DAT"的参数**

| 参　数 | 声　明 | 类　型 | 说　明 |
| --- | --- | --- | --- |
| LADDR | IN | WORD | 要读出数据的模块输入映像区的起始地址，必须用十六进制格式 |
| RECORD | OUT | ANY | 存放读取的用户数据的目的数据区，只能使用 BYTE 数据类型 |
| RET_VAL | OUT | INT | SFC 的返回值，执行时出现错误则返回故障代码 |

② 用 SFC 15"DPWR_DAT"写标准从站的连续数据，如表 7－6 所列。

**表 7－6　SFC 15"DPWR_DAT"的参数**

| 参　数 | 声　明 | 类　型 | 说　明 |
| --- | --- | --- | --- |
| LADDR | IN | WORD | 要写入数据的模块输出映像区的起始地址，必须用十六进制格式 |
| RECORD | OUT | ANY | 存放要写出的用户数据的源区域，只能使用 BYTE 数据类型 |
| RET_VAL | OUT | INT | SFC 的返回值，执行时出现错误则返回故障代码 |

## 7.6.3　分布式 I/O 触发主站的硬件中断

**1．用 SFC 7 触发 DP 主站上的过程中断**

在智能从站调用 SFC 7"DP_PRAL"，在它的输入信号 REQ 的脉冲上升沿，触发 DP 主站的硬件中断，使 DP 主站执行一次 OB40 中的程序。硬件中断的执行过程，如图 7－20 所示，参数如表 7－7 所列。

175

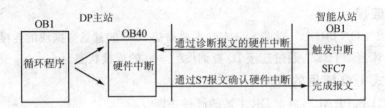

图 7 - 20    硬件中断的执行过程

表 7 - 7    SFC 7"DP_PRAL"的参数

| 参 数 | 声 明 | 类 型 | 说 明 |
|-------|-------|-------|------|
| REQ | IN | BOOL | REQ 为 I 时从站触发主站的硬件中断 |
| IOID | IN | WORD | DP 从站发送存储器地址区的标识符 |
| LADDR | IN | WORD | DP 从站发送存储器地址区的起始地址 |
| AL_INFO | IN | DWORD | 中断标识符,传送给 DP 主站上的 OB40 中的变量 OB40_POINT_ADDR |
| BUSY | OUT | BOOL | BUSY 为 I 表示从站触发的硬件中断还未被 DP 主站确认 |

AL_INFO 为中断标识符,在 DP 主站的 OB40 中,用变量 POINT_ADDR 来访问它。

IOID = ♯16♯54 时,为外设输入地址区;IOID = B♯16♯55 时,为外设输出地址区。

IOID 和 LADDR 唯一确定了被请求的硬件中断。在发送存储器中每个被组态的地址区,可以在任意的时间准确地触发一个硬件中断。

如果 SFC 7 还未被 DP 主站确认,则 BUSY=1,SFC 7 的执行过程中发生错误,返回的故障代码在输出参数 RET_VAL 中。

### 2. 从站触发过程中断的程序设计

下面的实例中智能从站为 CPU 315 - 2DP,主站为 S7 - 400 PLC。智能从站中起始地址为 1000 的输出模块触发一个硬件中断。在智能从站上循环地触发硬件中断。

在 SFC 7 的双字输入参数 AL_INFO(中断标识符)的前半部分,传送 SFC 7 的中断 ID"W ♯16♯ABCD"。参数 AL_INFO 的后半部分(MW106)是中断次数计数器。

在从站的 CPU 的 OB1 中写入下面的 STL 语句,下载给 CPU 315 - 2DP。

```
L W♯16♯ABCD                    //预设置的中断标识符
T MW104
CALL"DP_PRAL"
REQ : = M100.0                  //为 1 时触发主站的硬件中断
IOID : = W♯16♯55                //模块的地址区域标识符,即外设输出(PQ)地址区
LADDR : = W♯16♯3E8             //模块的起始地址,即十进制数 1000
AL_INFO : = MD104              //与应用有关的中断 ID
RET_VAL : = MW102             //返回的故障代码
BUSY : = M100.1                //主站未确认时从站 BUSY 标志为 1
A M 100.1                       //如果主站未确认
BEC                             //结束对 OB1 的执行
= M 100.0                       //否则触发新的硬件中断
```

176

```
L MW106
 + 1                                           //中断计数器加 1
T MW106
```

BEC 为块结束指令,如果主站未确认,即 BUSY 为 1 时,结束对 OB1 的执行,不执行后面的程序。如果主站确认了,BUSY 为 0 时,执行 BEC 指令后面的程序。

### 3. S7 - 400 DP 主站处理硬件中断的程序

DP 主站 SIMATIC 400(1)的组织块 OB40 中的 STL 语句如下所示:

```
L # OB40_MDL_ADDR                 //保存触发中断的模块的逻辑基准地址
T MW10
L # OB40_POINT_ADDR              //保存智能从站发送的中断 ID(即 W # 16 # ABCD)
T MD12
```

### 4. 测试 DP 主站对硬件中断的响应

在 SIMATIC 400(1)文件夹中,打开 Blocks 文件夹。启动 OB40 的程序状态功能,观察 DP 主站对中断的处理。

## 7.6.4　一组从站的输出同步与输入锁定

系统功能 SFC 11"DPSYC_FR"用于将控制命令 SYNC(同步输出),UNSYNC(解除同步),FREEZE(锁定或冻结输入)和 UNFREEZE(取消锁定)发送给一个或多个 DP 从站。这些命令用来实现一组 DP 从站的同步输出或同时锁定它们的输入。

在用 SFC 11 发送上述控制命令之前,应使用 STEP 7 的硬件组态工具将有关的 DP 从站组合到 SYNC/ FREEZE DP 组中,一个主站系统最多可以建立 8 个组。

### 1. 同步输出与解除同步

SYNC 控制命令将一组选择的 DP 从站切换到同步方式。DP 主站发送当前的输出数据,并命令 DP 从站锁定它们的输出,保持输出状态不变。

用 SFC 11 发送控制命令 UNSYNC,可以取消从站的 SYNC 模式。

### 2. 输入信号的锁定与解除锁定

如果需要得到一组 DP 从站上同一时刻的输入数据,可以通过 SFC11 将 FREEZE 控制命令发送到该组 DP 从站组。组内所有的 DP 从站的输入模块上的信号被锁定,以便 DP 主站来读取这些信号。接收到下一个 FREEZE 命令时 DP 从站更新和重新锁定它们的输入数据。

用 SFC 11 发送 UNFREEZE 命令,可以取消所寻址的 DP 从站的 FREEZE 模式。此后 DP 主站又能接收到周期性刷新的 DP 从站的输入信号。

SFC"11 DPSYC_FR"的参数如表 7 - 8 所列。

表 7 - 8　SFC"11 DPSYC_FR"的参数

| 参　数 | 声　明 | 类　型 | 说　明 |
|--------|--------|--------|--------|
| REQ | IN | BOOL | REQ=1 时触发或解除 SYNC 或 FREEZE 操作 |
| LADDR | IN | BYTE | DP 主站的逻辑地址 |
| GROUP | IN | BYTE | 第 0～第 7 位为 1,分别表示选择第 1 组～第 8 组 |

| 参　数 | 声　明 | 类　型 | 说　明 |
|---|---|---|---|
| MODE | IN | BYTE | SYNC/FREEZE 操作的标识符 |
| RET_VAL | OUTPUT | INT | SFC 的返回值,如果执行过程中出现故障,则返回故障代码 |
| BUSY | OUTPUT | BOOL | BUSY＝1 表示 SYNC/FREEZE 操作未完成 |

SFC 11 用输入参数 MODE 指定的控制命令可能的组合如表 7－9 所列。

表 7－9　SFC 11 的控制命令可能的组合

| 位　号 | 7 | 6 | 5 | 4 | 3 | 2 | 1 | 0 | 取　值 |
|---|---|---|---|---|---|---|---|---|---|
| MODE | | | | UNSYNC | | | | | B#16#10 |
| | | | | UNSYNC | UNFREEZE | | | | B#16#14 |
| | | | | UNSYNC | FREEZE | | | | B#16#18 |
| | | | SYNC | | | | | | B#16#20 |
| | | | SYNC | | | UNFREEZE | | | B#16#24 |
| | | | SYNC | | FREEZE | | | | B#16#28 |
| | | | | | | UNFREEZE | | | B#16#04 |
| | | | | | | FREEZE | | | B#16#08 |

### 3. DP 主站 IM467 使用 SYNC/FREEZE 命令的实例

打开 SIMATIC 管理器,生成一个名为"同步与锁定"的项目,在项目中生成一个名为 SIMATIC 400(1)的新站。

双击管理器左边窗口中的"SIMATIC 400(1)"文件夹,打开新建的站,双击管理器右边工作区中的"Hardware"对象,对新站进行硬件配置。从硬件目录中选择机架"UR2",将电源模块"PS 407 10A"放在 1 号槽中。应选择支持 SYNC 和 FREEZE 功能的 CPU,例如选订货号为"6ES7 416－1 XJ02－OAB0"的 CPU 416－1,将把它放在 3 号槽中。

为了组态插入式 DP 主站模块(IM467),在硬件目录中打开文件夹\SIMATIC 400\IM－400,选择订货号为"6FS7 467－5GJ01－OABO"的 IM467 模块,并将它放在 4 号槽中。

IM467 放人机架时,对话框 Properties IM467 和 General 选项卡自动地出现在屏幕上。单击按钮 Properties,进入 Properties－PROFIBUSI interface IM467 对话框,单击 New 按钮,并用 OK 按钮确认默认值,就建立了一个新的 PROFIBUS(1)子网络,该子网络具有 1.5 Mbit /s 传输速率和 DP 类型的总线参数行规。确认 IM467 的默认站地址"2",用[OK]按钮关闭此对话框。在 Properties IM467 对话框中的 Addresses 选项卡中设置模块的地址为 512(即 W#16#200)。

单击 OK 按钮返回硬件组态窗口,此时 IM467 模块已插入在槽 4 中,并且用一根水平的直线表示 IM467 的 DP 主站系统(如图 7－21 所示)。

下一步组态支持 SYNC 和 FREEZE 控制命令的 ET200B 从站。在硬件目录中打开 PROFIBUS-DP 模块的文件夹,在子目录 ET200B 中选择模块"B－16D1/16DO DP"。将该模

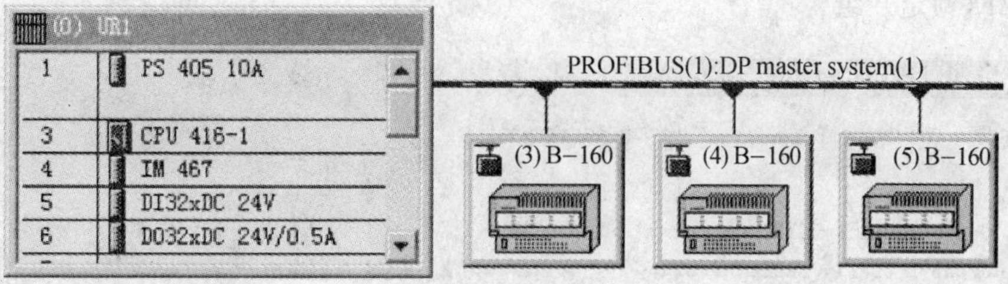

图 7－21　网络组态

块拖到图 7－21 中 IM467 的 DP 主站系统网络线上,Properties－PROFIBUS interface B－16DI/16DO DP 对话框被自动打开,将 PROFIBUS 站地址设置为 3,单击 OK 按钮迟出屏幕。

　　用同样的方法将另一个 B－16DI/16DO　DP 组态到 DP 主站系统中,默认的从站地址为 4。将 B－16DI DP 组态到 DP 主站系统,默认的从站地址为 5。

　　下一步设置 SYNC/FREEZE 功能,为此双击图 7－21 中的 PROFIBUS(1):DP master system(1)网络线,出现 Properties－DP master system 对话框。首先指定组的特性,为此打开 Properties Properties 选项卡(如图 7－22 所示),用 Properties 下面的小方框选择要指定给各组的特性。图 7－22 中定义组 1 为 FREEZE 组,组 2 为 SYNC 组。在"Comment"列可以为各组附加注释或标志。

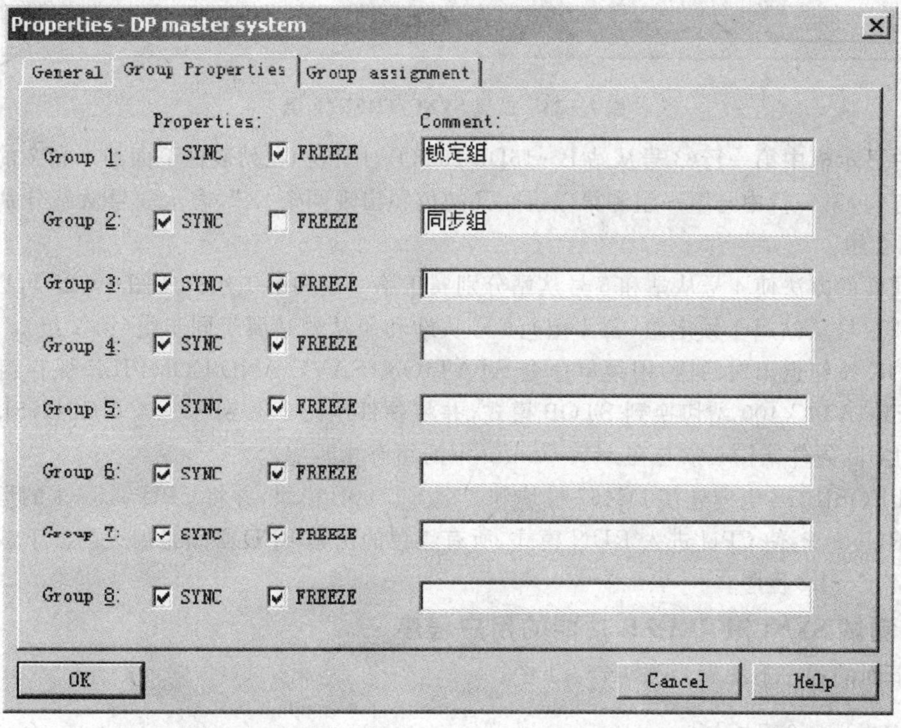

图 7－22　设置 SYNC/FREEZE 组的属性

　　在 Group assignment 选项卡(如图 7－23 所示),将 DP 从站分配到各组,列表框中的每一行对。应一个 DP 从站,最左边是从站的地址和型号,例如"(3)B－16DI/16DO"。列表框的上面给出了每一组的属性,例如第一组下面的"——"表示它不是"SYNC(同步)"组,"X"表示它是"FREEZE(锁定)"组。

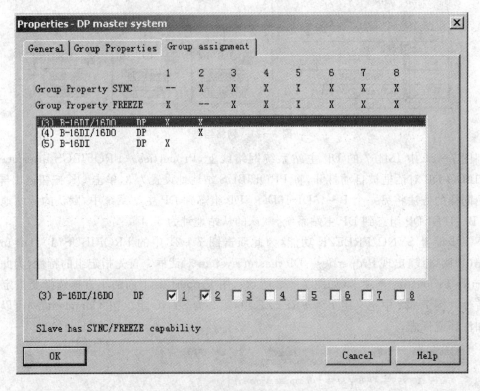

图 7 - 23   设置 SYNC/FREEZE 组

选中显示框中第一行(3 号从站 B - 16DI/16DO),用鼠标在列表框下面的 1 和 2 前面的小方框中打勾,第一行中与第一组和第二组交叉的位置出现两个"X",表示 3 号从站分别属于第1 组和第 2 组。

用同样的方法使 4 号从站和 5 号从站分别属于第 2 组和第 1 组。从图 7 - 23 可以看出 3号从站和 5 号从站属于锁定组(第 1 组),3 号从站和 4 从号站属于同步组(第 2 组)。设置好后单击 OK 按钮退出对话框,用菜单命令 STATION|SAVE AND COMPILE 保存组态的结果。将 SIMATIC 400 站切换到 STOP 模式,并将硬件组态下载到 S7 - 400 CPU,SIMATIC400 站的实际硬件结构必须与在 HW Config 中的组态相匹配。

用 PROFIBUS 电缆连接 IM467 模块和 3 个 ET200B 模块,并将 CPU 416 - 1 的运行模式切换到 RUN - P,使 CPU 进入 RUN 模式,所有红色的出错 LED 必须是熄灭的。下载完成后关闭 HW Config 程序。

### 4. 测试 SYNC/FREEZE 功能的用户程序

将下面的程序下载到 CPU 416 - 1 中。

Network 1:检测 I0.0 的上升沿

    A I0.0

    FP M10.1　　　　　　　　　　　　　　//在 I0.0 的脉冲上升沿

    = M10.2　　　　　　　　　　　　　　//M10.2 在一个循环周期为 1 状态,启动 SFC 11

Network 2:发送 FREEZE 命令

```
G01：CALL SFC11                          // 调用 SFC 11
  REQ：= M10.2                            // 触发信号为 M10.2
  LADDER：= W#16#200                      // DP 主站接口模块 IM467 的输入地址 (十进制数 512)
  GROUP：= B#16#1                         // 选择第 1 组
  MODE：= B#16#8                          // 选择 FREEZE 模式 (见表 7 - 9)
  RET_VAL：= MW12                         // 返回值 RET_VAL 存放在 MW12 中
  BUSY：= M10.3                           // 输出位 BUSY 保存在 M10.3 中
  A M10.3                                 // 如果没有执行完 SFC 11 (M10.3 = 1)
  JC G01                                  // 跳转到标号 G01 处继续执行
Network 3:检测 I0.1 的上升沿
  A I0.1
  FP M10.5                                // 在 I0.1 的脉冲上升沿
    = M10.6                               // M10.6 在一个循环周期为 1 状态,启动 SFC 11
Network 2:发送 SYNC 命令
  G02：CALL SFC 11                        // 调用 SFC 11
  REQ：= M10.6                            // 在 I0.1 的脉冲上升沿触发同步操作
  LADDER：= W#16#200                      // IM467 的输入地址
  GROUP：= B#16#2                         // 选择组 2
  MODE：= B#16#20                         // 选择 SYNC 模式 (表 7 - 9)
  RET_VAL：= MW14                         // RET_VAL 存放在 MW14 中
  BUSY：= M10.7                           // 输出位 BUSY 保存在 M10.7
  A M10.7                                 // 如果没有执行完 SFC11 (M10.7 = 1)
  JC G02                                  // 跳转到标号 G02 处继续执行
```

　　在变量表中监视 QB4,IB4,I0.0 和 I0.1 等。QB4 是 3 号 ET200B—16DI/16DO 模块的第 1 个输出字节,IB4 是 3 号站 ET 200B/16DI 模块的第 1 个输入字节。I0.0 用来触发 FREEZE 组的操作,I0.1 用来触发 SYNC 组的操作。

　　将 I0.0 置为 1 状态,SFC 11 发送 FREEZE 控制命令,使 3 号站和 5 号站的输入处于 FREEZE 模式。改变 3 号站实际的输入信号的状态,因为处于锁定模式,这些变化不会传送给主站的 CPU。

　　将 I0.1 置为 1 状态时,SFC 11 发送 SYNC 命令,使 3 号站和 4 号站的输出处于 SYNC 模式。在变量表中修改 QB4 的值后,不能传送到 3 号站 ET 200B—16DI/16DO 的输出模块。

　　在 I0.0 的下一次上升沿,将重新发送 FREEZE 命令,读取 3 号站和 5 号站当前的输入数据。在 I0.1 的下一次上升沿,将重新发送 SYNC 命令,把设置好的数据传送到 3 号站和 4 号站的输出。

# 7.7　点对点通信

　　点对点(Point to Point)通信简称为 PtP 通信,使用带有 PtP 通信功能的 CPU 或通信处理器,可以与 PLC、计算机或其他带串口的设备通信,例如打印机、机器人控制器、调制解调器、扫描仪和条形码阅读器等。

## 7.7.1　点对点通信处理器与集成的点对点通信接口

没有集成 PtP 串口功能的 S7 - 300 CPU 模块用通信处理器 CP 340 或 CP 341 实现点对点通信。S7 - 400 CPU 模块用 CP 440 和 CP 441 实现点对点通信。

### 1. CP340 通信处理器

1 个通信接口，4 种不同型号：RS232C(V.24)，20mA(TTY)和 RS422/RS485(X.27)，可以使用通信协议 ASCII，3964(R)和打印机驱动软件。

### 2. CP341 通信处理器

通信协议包括 ASC Ⅱ，3964(R)，RS512 协议，和可装载的驱动程序，包括 MODBUS 主站协议或从站协议，和 Data Highway(DF1 协议)。

### 3. S7 - 300C 集成的点对点通信接口

全双工的传输速率为 19.2 kbit/s，半双工的传输速率为 38.4 kbit/s。

### 4. CP440 点对点通信处理器

该处理器最多 32 个节点，最高传输速率为 115.2 kbit/s。可以使用的通信协议为 ASCII 和 3964(R)。

### 5. CP441 - 1/CP441 - 2 点对点通信处理器

CP441 - 1 可以插入一块不同物理接口的 IF 963 子模块。

CP441 - 2 可以插入两块分别带不同物理接口的 IF 963 子模块。

## 7.7.2　ASCII Driver 通信协议

### 1. 开放式的数据(所有可以打印的 ASCII 字符)和所有其他的字符。

ASCII driver 可以用结束字符、帧的长度和字符延迟时间作为报文帧结束的判据，字符延迟时间如图 7 - 24 所示。用户可以在三个结束判据中选择一个。

### (1) 用结束字符作为报文帧结束的判据

用 1，2 个用户定义的结束字符表示报文帧的结束，应保证在用户数据中不包括结束字符。

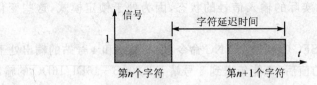

图 7 - 24　字符延迟时间

### (2) 用固定的字节长度(1～1 024 字节)作为报文帧结束的判据

如果在接收完设置的字符之前，字符延迟时间已到，将停止接收，同时生成一个出错报文。

接收到的字符长度大于设置的固定长度，多余的字符将被删除。接收到的字符长度小于设置的固定长度，报文帧将被删除。

### (3) 用字符延迟时间作为报文帧结束的判据

报文帧没有设置固定的长度和结束符，接收方在约定的字符延迟时间内未收到新的字符则认为报文帧结束(超时结束)。

## 2. 数据流控制/握手(Data Flow Control/Handshaking)

握手可以保证两个以不同速度运行的设备之间传输的数据。

① 软件方式,例如通过向对方发送特定的字符(例如 XON/XOFF)实现数据流控制,报文帧中不允许出现 XON 和 XOFF 字符。

② 硬件方式,例如用信号线 RTS/CTS 实现数据流控制,应使用 RS232C 完整的接线。

接收缓冲区已经准备好接收数据,就会发送 XON 字符或使输出信号 RTS 线为 ON。反之,如果报文帧接收完成,或接收缓冲区只剩 50 字节,将发送字符 XOFF,或使 RTS 线变为 OFF,表示不能接收数据。

如果接收到 XOFF 字符,或通信伙伴的 CTS 控制信号被置为 OFF,将中断数据传输。

如果在预定的时间内未收到 XON 字符,或通信伙伴的 CTS 控制信号为 OFF,将取消发送操作,并且在功能块的输出参数 STATUS 中生成一个出错信息。

## 3. CPU 31xC - 2PtP 中的接收缓冲区

接收缓冲区是一个 FIFO(先入先出)缓冲区,如果有多个报文帧被写入接收缓冲区,那么总是第一个接收到的报文帧被传送到目标块中。如果想将最新接收的报文帧传送到目标块中,必须将缓存的报文帧个数设置为 1,并取消改写保护。

块校验字符 BCC(Block Check Characters)是正文中的所有字符"异或"运算的结果。这种校验方式又称为"纵向奇偶校验"。组态时可以选择报文的结束分界符中是否有 BCC。

# 7.7.3　3964(R)通信协议

## 1. 3964(R)协议使用的控制字符与报文帧格式

3964(R)协议使用的控制字符如表 7 - 10 所列。报文帧格式如图 7 - 25 所示。

表 7 - 10　3964(R)协议使用的控制字符

| 控制字符 | 数　值 | 说　明 |
|---|---|---|
| STX | 02H | 被传送文本的起始点 |
| DLE | 10H | 数据链路转换(Data Link Escape)或肯定应答 |
| ETX | 03H | 被传送文本的结束点 |
| BCC | | 块校验字符(Block Check Character),只用于 3964(R) |
| NAK | 15H | 否定应答(Negative Acknowledge) |

BCC 是所有正文中的字符(包括正文中连发的 DLE)和报文帧结束标志(DLE 和 ETX)的"异或"运算的结果。

| SXT | 正文(发送的数据) | DLE | ETX | BCC |
|---|---|---|---|---|

图 7 - 25　3964(R)报文帧格式

正文中如果有字符 10H,在发送时自动重发一次。接收方在收到两个连续的 10H 时自动地剔除一个。图 7 - 26 所示为 3964(R)报文帧传输过程。

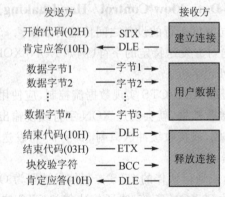

**图7-26  3964(R)报文帧传输过程**

### 2. 建立发送数据的连接

发送方首先应发送控制字符 STX。在"应答延迟时间(ADT)"到来之前,接收到接收方发来的控制字符 DLE,表示通信链路已成功地建立。

如果通信伙伴返回 NAK 或返回除 DLE 和 STX 之外的其他控制代码,或应答延迟时间到时没有应答,程序将再次发送 STX,重试连接。若约定的重试次数到后,都没有成功建立通信链路,程序将放弃建立连接,并发送 NAK 给通信伙伴,同时通过输出参数 STATUS 向功能块 P_SND_RK 报告出错。

接收方在接收到 DLE、ETX 和 BCC 后,根据接收到的数据计算 BCC,并与通信伙伴发送过来的 BCC 进行比较。如果二者相等,并且没有其他接收错误发生,那么接收方的 CPU 将发送 DLE,断开通信连接。

如果二者不等,将发送 NAK,在规定的块等待时间内(4s)等待重新发送。如果在设置的重试次数内没有接收到报文,或者在块等待时间内没有进一步的尝试,将取消接收操作。

如果两台设备都请求发送。具有较低优先级的设备将暂时放弃其发送请求,向对方发送控制字符 DLE。具有较高优先级的设备将以上述方式发送其数据。等到高优先级的传输结束,连接被释放,具有较低优先级的设备就可以执行其发送请求。通信的双方必须设置优先级。

## 7.7.4  用于 CPU 31xC-2PtP 点对点通信的系统功能块

表7-11为 CPU 31xC-2PtP 用于点对点通信的系统功能块。SFB 不作参数检查,如果参数设置出错,CPU 将进入 STOP 模式。

**表7-11  CPU 31xC-2 PtP 点对点通信的系统功能块**

| 系统功能块 | | 说　明 |
|---|---|---|
| SFB 60 | SEND_PTP | 将整个数据块或部分数据块区发送给一个通信伙伴 |
| SFB 61 | RCV_PTP | 从一个通信伙伴接收数据,并将它们保存在一个数据块中 |
| SFB 62 | RES_RCVB | 复位 CPU 的接收缓冲区 |
| SFB 63 | SEND_PK | 将整个数据块或部分数据块区发送给一个通信伙伴 |
| SFB 64 | FETCH_RK | 从一个通信伙伴处读取数据,并将它们保存在一个数据块中 |
| SFB 65 | SERVE_RK | 从一个通信伙伴处接收数据,并将它们保存在一个数据块中;<br>为通信伙伴提供数据 |

### 1. 用 SFB60"SEND_PTP"发送数据(ASCII/3964(R))

块被调用后,在控制输入 REQ 的脉冲上升沿发送数据。SD_1 为发送数据区(数据块编号和起始地址),LEN 是要发送的数据块的长度。用于 ASCⅡ/3964(R)通信协议的系统功能块,如图 7 - 27 所示。

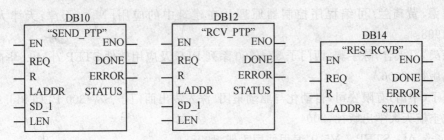

**图 7 - 27　用于 ASCII/3964(R)通信协议的系统功能块**

用参数 LADDR 声明在 HW Config(硬件组态)中指定的子模块的 I/O 地址。

在控制输入 R 的脉冲上升沿,当前的数据发送被取消,SFB 被复位为基本状态。被取消的请求用一个出错报文(STATUS 输出)结束。

如果块执行没有错误,DONE 被置为 1 状态。如果出错,ERROR 被置为 1 状态,STATUS 将显示相应的事件标识符(ID)。如果块被正确执行后 DONE 为 1,意味着:

① 使用 ASCII driver 时,数据被传送给通信伙伴,但是不能保证被对方正确地接收。

② 使用 3964(R)协议时,数据被传送给通信伙伴,并得到对方的肯定确认。但是不能保证数据被传送给对方的 CPU。

如果出现错误或报警,STATUS 将显示相应的事件标识(ID)。在 SFB 的 R 为 1 时,也会输出 DONE 或 ERROR/STATUS。如果出现一个错误,CPU 的二进制结果位 BR 将被复位。如果块无错误结束,BR 的状态将被置为 1。

SFB 最多只能发送 206 个连续的字节。必须在参数 DONE 被置为 1,发送过程结束时,才能向 SD_1 指定的发送区写入新的数据。

### 2. 用 SFB 61"RCV_PTP"接收数据

SFB 61 用来接收数据,并将它们保存到一个数据块中。

调用 SFB 61 后,令控制输入 EN_R 为 1,接收数据的准备就绪。EN_R 的状态为"0",接收操作就被闭锁。RD_1 为接收区,LEN 是数据块的长度。

块被正确执行时 NDR 被置为"1"状态。如果请求因出错被关闭,ERROR 被置为"1"状态。

如果出现错误或报警,STATUS 将显示相应的事件标识符(ID)。

### 3. 用 SFB 62"RES_RCVB"清空接收缓冲区

SFB 62 用于清空 CPU 的整个接收缓冲区。在调用 SFB 62 时接收到的报文帧将被保存。

# 参考文献

[1] 廖常初. S7-300/400 PLC 应用技术[M]. 北京:机械工业出版社,2007.

[2] 钱晓龙,李鸿儒,智能电器与 MicroLogix 控制器[M]. 北京:机械工业出版社,2005.

[3] 吴作明,PLC 开发与应用实例详解[M]. 北京:北京航空航天大学出版社,2007.

[4] 黄民德,黄琦兰. 可编程序控制器原理及在建筑中的应用[M]. 天津:天津大学出版社,1998.

[5] 钟肇燊,冯太合,陈宇驹,西门子 S7-300 系列 PLC 及应用软件 STEP 7[M]. 华南理工大学出版社,2006.

[6] 西门子(中国)有限公司,自动化与驱动集团. 深入浅出西门子 S7-300 PLC[M]. 北京:北京航空航天大学出版社,2004.

[7] Siemens AG,STEP 7 V5.1 编程使用手册,1998.

[8] Siemens AG,S7-300 自动化系统 CPU 31xC 技术功能使用手册,2001.

[9] Siemens AG,S7-300 可编程序控制器产品目录. 2003.